ALGÉRIE

Exposition Universelle de 1900

LES CÉRÉALES D'ALGÉRIE

PAR

J. VARLET

AGRICULTEUR

ANCIEN PRÉSIDENT DU COMICE AGRICOLE DE BOUFARIK

ALGER-MUSTAPHA

GIRALT, IMPRIMEUR-PHOTOGRAVEUR

Rue des Colons, 17

1900

ALGÉRIE

Exposition Universelle de 1900

LES CÉRÉALES D'ALGÉRIE

PAR

J. VARLET

AGRICULTEUR

ANCIEN PRÉSIDENT DU COMICE AGRICOLE DE BOUFARIK

ALGER-MUSTAPHA

GIRALT, IMPRIMEUR-PHOTOGRAVEUR

Rue des Colons, 17

1900

LES CÉRÉALES D'ALGÉRIE

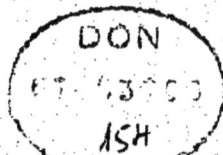

ALGÉRIE

—

LES CÉRÉALES D'ALGÉRIE

PAR

J. VARLET

AGRICULTEUR
ANCIEN PRÉSIDENT DU COMICE AGRICOLE DE BIRKADEM

ALGER-MUSTAPHA
GIRALT, IMPRIMEUR-PHOTOGRAVEUR
Rue des Colons, 17

—

1900

LES CÉRÉALES D'ALGÉRIE

INTRODUCTION

Le Grenier de Rome ! C'est la première pensée qui vient à l'esprit dès qu'on parle des céréales de l'Algérie et il semble que cette vision d'une abondance fabuleuse doive rester, dans tous les temps, la promesse d'extraordinaires moissons.

Il faudrait s'entendre sur ce point historique et obvier aux appréciations exagérées qui peuvent se produire.

Tout d'abord, il est bon de rappeler que les provinces romaines s'étendaient sur un territoire immense dont l'Algérie ne représente qu'une partie : la Tunisie, la Tripolitaine, l'Egypte et même la Sicile et la Sardaigne contribuaient également à alimenter les armées et le peuple de Rome et intervenaient dans les importations de l'empire. Or, aux plus mauvais jours de la transformation agricole de l'Italie, aux moments qui coïncident avec la décadence de son agriculture et avec les plus grands besoins de ses marchés, on évalue *l'annone*, c'est-à-dire l'approvisionnement total nécessaire aux subsistances nationales et aux distributions de blé à prix réduit, à 60 millions de *modii* de 6 kg. 500, soit : 3.900.000 quintaux.

Cette quantité de céréales nous paraîtra bien peu de chose si nous la comparons à celle qu'exportent seulement nos trois provinces algériennes et nous devrons réduire de beaucoup cette légende de Grenier de Rome qui est facilement attachée à l'idée que l'on se fait aujourd'hui de la culture céréalifère de notre colonie.

Sans doute, le territoire algérien produisit beaucoup pendant les cinq siècles de la domination romaine ; les ruines de villes et de fermes, les vestiges de barrages et de travaux de captage ou d'aménagement des eaux, indiquent une situation agricole relativement prospère. Mais les chiffres des historiens de l'époque sont là pour nous ramener à une expression plus exacte de l'importance d'une fertilité souvent exagérée.

Si nous suivons, en un examen rapide, les événements qui se sont déroulés dans l'Afrique du Nord, nous y voyons que cette fertilité, même réduite à des proportions plus réelles, ne saurait impliquer à l'heure actuelle une puissance de production extraordinaire.

Le Grenier de Rome, s'il a jamais existé dans la force que lui donne cette allusion à une fécondité particulière, a depuis longtemps épuisé ses réserves et perdu de sa fertilité. Après les Romains vinrent les Vandales qui, pendant cent ans, détruisirent à plaisir l'œuvre de leurs prédécesseurs. Pendant cent cinquante ans, les Byzantins firent de vains efforts pour revenir à la prospérité des temps anciens ; les Arabes pendant neuf siècles et les Turcs pendant plus de trois cents ans furent impuissants, en raison de leur mode de vie, de leur état politique et de leur caractère de nomades et de barbares, à entretenir dans le sol de ce vaste pays ces ressources sans cesse renouvelées qui sont la base

essentielle de récoltes régulières et de moissons cons-
tantes.

Sans doute, à plusieurs époques les pays d'Europe
demandèrent du blé à l'Afrique, mais le mouvement
inverse se produisit bien souvent et nous retrouvons
dans l'histoire des XIIᵉ et XIIIᵉ siècles des périodes qui
durent être fort malheureuses pour l'Algérie et la
Tunisie, puisque les rois de ces pays en furent réduits à
se procurer des blés en Sicile, en Catalogne et en
Languedoc.

Il ne saurait en être autrement. Si l'on tient compte
des particularités météorologiques de nos climats algériens, avec leurs alternatives d'années sèches et
humides, de vaches maigres et de vaches grasses, on
se doute bien que les calamités de la sécheresse durent
sévir souvent et que les fameux greniers de la légende
durent parfois se trouver bien vides.

Cette opinion se confirme plus encore si on fait
intervenir dans l'explication des faits historiques les
lois de la chimie agricole.

Supposons qu'il soit exact que les Romains, grâce à
la façon remarquable dont ils surent coloniser le pays
et mettre en valeur les meilleures terres, aient obtenu
des récoltes assez considérables pour valoir à leurs
provinces d'Afrique ce renom de fécondité. Leurs suc-
cesseurs ne s'inspirèrent ni de la même méthode, ni
de la même sagesse. Conquérants plus que pasteurs,
préoccupés d'asservir les populations autochtones et
de faire des récoltes hâtives comme ils faisaient des
pillages violents, ils n'organisèrent pas l'agriculture.
Sous leur domination, les régions jadis prospères
devinrent stériles et se dépeuplèrent : l'incertitude du

lendemain condamna les occupants du sol à des procédés culturaux visant la récolte immédiate et, de siècle
en siècle, il se produisit un épuisement intense des
richesses du sol.

Quand on ignorait les lois de la physiologie des végé-
taux, on pouvait croire encore à cette fameuse virginité
des terres d'Afrique et prévoir qu'elles fourniraient
pendant longtemps aux colons des preuves d'une fécondité latente endormie depuis des temps si lointains.
Mais l'analyse chimique nous a bien vite ramenés à la
réalité ; elle nous a appris que l'acide phosphorique
était indispensable à l'existence des plantes, des blés
principalement, et que, chaque récolte enlevant une
quantité notable de cet agent de la nutrition, si
rien ne venait artificiellement compenser cette perte,
nous devions surseoir à nos espérances et considérer
comme épuisées ces terres que nous appelions vierges
et entre toutes fécondes.

L'expérience a largement démontré la rigoureuse
exactitude de cette donnée scientifique et désormais,
quand on aborde l'étude des céréales en Algérie, il faut
s'affranchir résolument de cette suggestion de Grenier
de Rome et de terres vierges et ne considérer que des
faits d'ordre scientifique et d'ordre économique, d'autant
plus près de la vérité qu'ils seront loins de la légende.

C'est dire que nous essaierons de présenter ici un
tableau sincère de la culture des céréales en Algérie,
nous servant des données les plus précises qui résultent
de la pratique de tous les jours, et n'apportant que des
notions précises, des chiffres vérifiés, voulant fournir à
ceux qui nous liront des documents d'une absolue
bonne foi.

Avant d'entrer dans notre sujet, nous ouvrirons seulement une petite parenthèse pour rappeler que les blés d'Afrique sont la cause première des événements qui ont amené la France à posséder l'Algérie.

Pendant la République Française de 1792 à 1796, une maison de commerce d'Alger, la maison Bacri et Busnach, avait fourni, pour les armées, des grains qui n'avaient pas été totalement payés.

A la suite de réclamations souvent renouvelées, le Gouvernement de la Restauration avait reconnu la validité des demandes et avait décidé le paiement d'une somme de 700.000 francs pour solde. Mais les fournisseurs des blés avaient en France des créanciers qui réclamèrent ces sommes comme devant leur revenir.

Devant cette situation, le Gouvernement français fit un dépôt en attendant que les tribunaux eussent fait la répartition entre les divers créanciers.

Le dey d'Alger, Hussein, était lui aussi créancier et réclamait très vivement pour que l'argent lui revenant lui fut remis le plus tôt possible. Mais au lieu de continuer ses réclamations par l'intermédiaire régulier de M. Deval, notre consul de France à Alger, Hussein s'adressa directement à Charles X. Celui-ci ne trouva pas qu'il fut digne d'un roi de France de correspondre personnellement avec le Dey, surtout en raison de la forme un peu violente donnée par Hussein à ses protestations et à cause de la nature toute personnelle et insuffisamment fondée des réclamations. Il ne répondit pas.

Le 30 avril 1829, veille de la fête du Beyram, M. Deval se rendit comme de coutume à l'audience du Dey, dans le palais de la Kasbah.

Quand Hussein vit entrer le consul de France, il lui demanda avant tout s'il avait ou non à lui remettre une lettre du roi. M. Deval répondit négativement. Alors Hussein, très irrité, frappa M. Deval au visage de plusieurs coups de son chasse-mouche en plumes de paon.

A cette insulte faite en public, devant tout le corps consulaire, M. Deval fit observer que ce n'était pas à lui, mais bien à son souverain, le Roi de France, que l'injure était faite. Le Dey, plus furieux encore, répondit qu'il ne craignait pas plus le roi que son représentant et il accompagna cette nouvelle injure de l'ordre formel de quitter la salle d'audience.

On sait le reste ; le 14 juin suivant, l'armée française débarquait à Sidi-Ferruch et le 5 juillet 1830 nos troupes victorieuses entraient dans Alger.

Importance économique de la culture des céréales dans l'Afrique du Nord

La culture des céréales est, en Algérie, pour une grande partie des habitants, une nécessité.

Si nous regardons du côté des Indigènes, nous trouvons un peuple attardé à des routines séculaires, enfermé dans un étroit fatalisme et ne se préoccupant jamais du lendemain, pourvu que le jour présent ne soit pas trop pénible à passer. Ses besoins sont très réduits ; aussi demande-t-il très peu à la terre ; il la cultive juste assez pour ne pas mourir de faim. Aussi le voyons-nous user des procédés dont se servaient ses ancêtres au VIIe siècle. Sa charrue n'est qu'une branche d'arbre grossièrement tailladée à coups de hâche, rarement emmanchée d'un fer quelconque ; avec des cordes de palmier il y attelle un cheval, un mulet, un bœuf, un bourricot, au besoin même sa femme et il s'en sert pour gratter la croûte superficielle du sol où il jettera, presque au hasard, une semence qui pous-sera comme elle pourra.

Quelques indigènes, sous la pression du Gouverne-ment et sous l'effet des exemples des colons européens, ont bien depuis quelques années modifié leurs procédés et adopté nos charrues françaises ; mais ce ne sont là que des exceptions très rares ; leurs auteurs sont des grands chefs riches et intelligents qui se perfectionnent au contact de nos mœurs et de nos usages et qui aussi sont tenus, par les fonctions qu'ils occupent, de manifester plus que tous autres des facultés d'assimilation et des tendances au progrès.

Mais la masse de la population agricole indigène est pauvre et ignorante ; elle est fermée aux enseignements d'une expérience autre que celle de ses aïeux ; elle est surtout pauvre et, n'ayant pas souvent de quoi payer ses grains de semence, peut encore moins songer à se procurer des charrues qu'il faudra acheter. Elle est condamnée par toute son histoire à une agriculture rudimentaire parce que instable ; elle est habituée à ne demander à la terre que le strict nécessaire à l'entretien de la famille et des animaux et elle trouve dans les céréales une production exactement conforme à son mode d'alimentation, aux transactions les plus simples et aux procédés de culture qui lui sont praticables.

Les céréales, en effet, sont seules à répondre aux différentes conditions de la culture indigène.

Elles ne demandent pas de grands frais de culture. Un labour dès que les pluies d'automne ont permis de gratter la terre, un labour pour recouvrir les semailles et l'indigène n'a plus qu'à attendre la moisson prochaine. Si la pluie tarde à venir, il se rend en pèlerinage aux marabouts vénérés et fait des prières ; quand elle est arrivée, il se réjouit et attend venir la récolte. Si la sécheresse ravage toutes ses espérances, il ne se plaint pas, déclare que c'était écrit et se résigne. S'il a des réserves, des grains en silos ou dans les jarres, cela va encore bien ; s'il n'a rien, c'est la famine et l'intervention forcée de l'État qui a charge de combattre les effets souvent terriblement désastreux de pareille imprévoyance.

Peut-on d'ailleurs demander à l'indigène algérien une culture plus perfectionnée ? Son mode de faire est non seulement une conséquence forcée du dogme principal de sa philosophie religieuse, mais il est aussi un résultat du manque d'aptitudes de la race et des habitudes contractées par sa vie antérieure de nomade et de conquérant.

Il tient, en outre, au peu d'importance de ses besoins ; car si une famille n'est pas obérée de dettes, un rendement de 3 pour 1 la satisfait pleinement ; elle aura de l'orge pour son cheval, du blé pour elle, les chèvres et les moutons mangeront l'herbe des champs et des chemins, donneront leur lait et leur produit ; la famille vivra, c'est l'essentiel.

D'autre part, peut-être l'Indigène donne-t-il une si grande place à la culture des céréales parce que c'est la culture qui coûte le moins et que avec elle, en raison des aléas nombreux de la sécheresse et des intempéries, la perte, si perte il y a, est moins considérable qu'avec toute autre.

Pour se livrer aux cultures individuelles, à la vigne par exemple, il faut défoncer profondément la terre, planter, fumer, attendre plusieurs années avant de récolter et dépenser des sommes assez élevées pour créer le vignoble et l'entrenir. L'Indigène qui souvent n'a pas de quoi semer, ne peut se livrer à ses cultures, et s'il fait des céréales, c'est que cette culture seule lui est abordable.

En second lieu, l'Indigène trouve dans les céréales un élément d'échanges faciles. Que ses transactions visent le Nord ou le Sud du Tell, il trouve toujours à vendre ses blés durs et ses orges quand il en récolte plus qu'il n'en consomme ; les marchés intérieurs lui sont ouverts toute l'année pour cette marchandise, et le commerce des villes, soit pour les minoteries locales, soit pour l'exportation, écoule constamment les arrivages. C'est ce qu'il faut essentiellement à l'Indigène qui vit au jour le jour, vend pour manger et doit trouver sur place les plus grandes facilités pour transformer à toute époque de l'année ses productions en argent.

Enfin, les céréales entrent pour une grande part dans l'alimentation des familles indigènes et beaucoup vivent exclusivement de leurs blés et de leurs orges, ne s'inquiétant jamais que de récolter les grains qui leur sont nécessaires pour une année.

On voit que pour de très nombreuses raisons, la culture des céréales est une nécessité pour les indigènes.

Nous parlons surtout des Indigènes du Tell et de la partie des Hauts-Plateaux qui n'est pas encore le pays forcément réservé à l'industrie pastorale et aux troupeaux des transhumants. Pour ceux-là, les céréales sont la vie et les années malheureuses coïncident étroitement avec les récoltes à peu près nulles ; alors il faut que l'Etat intervienne, distribue des secours immédiats, organise des chantiers de charité, demande des subventions considérables à la Métropole, fournisse des grains de semence et fasse même des avances aux communes.

Pour eux les céréales sont la culture de fond à peu près seule permise par le sol, le climat et les moyens de culture. Aussi leur consacrent-ils des étendues considérables, donnant la préférence aux blés durs qui occupent en moyenne les 4/5 de la surface semée en blés.

Voici quelques chiffres nécessaires à connaître :

TABLEAU I

SURFACES CULTIVÉES, en céréales, et quantités récoltées par les Indigènes

ANNÉES	BLÉ TENDRE		BLÉ DUR		ORGE		AVOINE	
	SURFACES — Hectares	QUANTITÉS — Quintaux métriques	SURFACES — Hectares	QUANTITÉS — Quintaux métriques	SURFACES — Hectares	QUANTITÉS — Quintaux métriques	SURFACES — Hectares	QUANTITÉS — Quintaux métriques
1872	20.649	133.857	673.342	3.277.174	766.916	5.594.919	148	971
1873	28.422	131.634	747.400	3.731.317	1.004.393	5.689.630	127	1.309
1874	86.538	457.954	1.016.210	4.824.918	1.217.261	7.310.827	430	4.786
1875	48.365	306.409	1.021.871	4.664.159	1.272.742	9.903.398	658	5.291
1876	33.450	410.256	1.059.014	5.147.103	1.371.464	8.964.345	3.655	27.062
1877	34.501	129.025	1.117.869	2.427.643	1.307.330	4.501.615	4.757	20.914
1878	37.987	166.196	963.603	3.332.945	1.197.914	5.156.532	595	5.598
1879	45.553	311.401	1.012.876	3.668.421	1.266.761	6.626.787	985	9.562
1880	58.759	383.491	1.047.938	4.507.786	1.314.447	7.142.909	1.056	12.653
1881	63.669	177.225	1.017.083	3.026.321	1.348.215	3.996.975	1.378	12.977
1882	48.407	309.080	925.201	4.149.330	1.664.217	6.694.702	1.329	11.493
1883	137.227	917.930	146.913	858.311	130.399	826.944	31.485	321.962
1884	144.234	1.268.489	167.728	1.143.778	181.107	1.720.165	30.764	394.977
1885	131.025	835.064	118.271	761.739	119.897	1.029.974	33.155	368.606
1886	135.415	850.84*	115.678	803.370	120.783	995.859	43.404	498.696
1887	116.975	758.910	115.772	721.201	98.945	1.006.011	48.202	556.543
1888	123.635	1.032.030	124.618	750.709	107.749	811.643	49.309	524.870
1889	119.126	929.698	119.195	847.686	113.855	1.037.948	52.137	380.855
1890	125.179	1.092.388	127.201	967.268	112.686	1.143.395	42.370	522.266
1891	120.767	1.041.144	117.429	905.750	116.587	1.052.445	40.886	473.818
1892	125.492	607.845	124.325	648.301	122.041	891.924	44.713	373.806
1893	124.609	748.569	124.113	708.279	108.239	721.708	49.083	415.889
1894	122.125	1.190.676	131.262	1.092.942	114.753	1.176.984	56.197	721.560
1895	124.162	971.480	137.228	850.347	120.497	938.279	65.796	704.962
1896	126.402	854.398	140.439	816.031	119.806	874.188	67.841	721.128
1897	131.098	740.656	147.701	740.656	127.425	759.627	67.855	522.336
1898	133.401	1.225.813	147.701	1.106.256	127.699	1.275.374	63.429	786.722
1899	»	»	»	»	»	»	»	»

Le tableau ci-dessus montre dans une période de 28 ans l'importance donnée par les indigènes à chacune des quatre principales céréales. Il met en évidence la prédominance du blé et la valeur économique de premier ordre de cette céréale pour la population indigène qui représente numériquement les 4/5 de la population totale. Il fait ressortir également que les indigènes algériens s'adonnent de préférence à la culture des blés durs parce qu'ils les consomment plus facilement sous forme de pâte et aussi parce que les blés tendres ont le défaut de mûrir très vite, de s'entrouvrir et de s'égrener, de devenir une proie facile pour les fourmis et les moineaux, de demander une moisson immédiate à une époque où souvent les bras sont occupés ailleurs pour des travaux mercenaires.

Si nous prenons la moyenne de dix années appartenant à un cycle sans sécheresse extrême (1884-1893) nous trouvons que les indigènes emblavent en moyenne :

62.000	hectares en	blés tendres
952.000	—	en blés durs
1.306.000	—	en orges
2.239	—	en avoines

Soit environ 2.322.000 hectares auxquels il faut ajouter 8.000 hectares de maïs et 30.000 hectares de bechna.

Le tableau I révèle aussi que, avant même les blés durs, ce sont les orges qui prennent la première place dans les emblavures des indigènes, ce qui tient à la consommation considérable qu'ils font tous

de cette céréale et aux facilités de sa culture. L'orge
résiste mieux à la sécheresse et produit plus régulièrement que le blé ; sa semence peut être confiée au
sol sec avant les pluies, pourvu qu'une façon ou une
jachère cultivée ait préparé le terrain.

Nous nous occuperons plus loin de l'orge, à qui
nous réserverons un chapitre spécial.

Voilà donc une première donnée à retenir ; les
céréales occupent la première place en Algérie dans
la culture des indigènes et c'est le climat, l'état social,
autant que la tradition qui leur imposent cette culture
et dans une telle proportion.

Sur une surface totale de 8.000.000 d'hectares que
représentent les propriétés agricoles relevées par
l'État comme moyenne des périodes récentes,
6.500.000 hectares sont aux mains des indigènes et
2.500.000 hectares sont consacrés aux céréales, ce qui
équivaut à dire que les indigènes consacrent sur les
surfaces qu'ils possèdent :

38,46 0/0 aux céréales en général

et en particulier :

20 0/0 aux orges
14,61 0/0 aux blés durs
0,95 0/0 aux blés tendres

le reste étant occupé par les bechna, les maïs et les
avoines. Ces chiffres indiquent quel intérêt il y aurait
à améliorer la production des céréales des indigènes,
soit par une modification rationnelle de leur mode de
culture, soit par un perfectionnement même sommaire
de leur labour, soit encore par de meilleures semences ou l'usage d'une fumure bien comprise.

Si nous nous tournons du côté de la colonisation
européenne, la valeur économique de la culture des
céréales n'est plus la même, bien qu'elle se présente
encore pour beaucoup de cultivateurs comme une
nécessité.

Elle est une nécessité pour certaines contrées,
comme la région de Sétif et la plupart des hautes
terres, en raison de l'altitude et de la climatologie.
Elle y occupe d'immenses espaces, de très bonnes
terres.

Il en est de même dans certaines plaines, comme
celle du Chélitf, où les céréales dominent, conduites
en cultures extensives. Nous les retrouvons très en
honneur dans la région de Bel-Abbès, où elles sont
l'objet d'exploitations très sérieuses.

Ces diverses contrées sont céréalifères par la nature
de leur terre à dominante d'argile ; elles le sont aussi
à cause de la valeur intrinsèque du sol et en raison du
processus des saisons.

D'autres contrées, celles où la colonisation européenne débute sont céréalifères par nécessité et pour
des raisons assez semblables à celles que nous avons
données pour les indigènes.

Il est malheureusement vrai que les nouveaux
colons, ceux surtout que recrute l'administration,
sont plus riches en bonne volonté qu'en argent.
A peine ont-ils défriché leurs concessions qu'ils
sèment des céréales, parce que les céréales demandent
le minimum de dépenses, d'attelages, de soins et de
temps. Plus tard, s'ils ont réussi à rencontrer une
série d'années heureuses, ils défonceront plus profondément les terres pour y planter de la vigne; en
attendant — et nous revenons ici à l'agriculture provi-

soire et instable des indigènes — ils ensemencent rapidement des céréales.

Les céréales sont donc pour les colons le pivot de la grande culture, de la culture extensive, devenant de la culture intensive dans quelques régions privilégiées pour la nature des terres et le crédit de leurs cultivateurs.

Elles ont au début le caractère indigène ; mais bientôt interviennent les façons de la terre, les labours préparatoires, les assolements raisonnés et elles prennent le caractère d'une culture progressive. La place laissée à la fatalité est moins grande ; les semences sont mieux choisies et les rendements plus rénumérateurs. Là où l'indigène obtient 3, les européens obtiennent 5 et 6 en moyenne ; quand le rendement atteint 12-13 hectol. à l'hectare, la récolte est bonne ; les années exceptionnelles et en cultures plus soignées elle atteint 20-25.

Voici pour la même période du tableau I les chiffres qui intéressent la production céréalifère des européens en Algérie.

TABLEAU II

SURFACES CULTIVÉES, en céréales, et quantités récoltées par les Européens

ANNÉES	BLÉ TENDRE		BLÉ DUR		ORGE		AVOINE	
	SURFACES — Hectares	QUANTITÉS — Quintaux métriques	SURFACES — Hectares	QUANTITÉS — Quintaux métriques	SURFACES — Hectares	QUANTITÉS — Quintaux métriques	SURFACES — Hectares	QUANTITÉS — Quintaux métriques
1872	67.214	593.333	91.395	770.343	66.213	671.805	18.758	222.589
1873	75.343	650.048	100.301	776.916	69.090	641.012	18.488	221.098
1874	85.663	757.740	103.642	796.910	75.760	690.369	19.927	236.065
1875	92.848	811.357	168.646	1.181.213	215.535	1.802.599	20.693	233.758
1876	88.045	803.057	140.664	961.421	101.865	951.511	25.224	198.417
1877	89.272	641.914	108.718	631.557	98.937	560.380	29.488	296.883
1878	96.671	730.951	105.422	619.098	77.473	561.061	29.874	331.632
1879	98.530	901.657	107.066	659.195	90.178	670.933	27.842	260.257
1880	112.457	1.024.824	119.672	917.217	96.680	911.762	27.459	373.474
1881	118.075	468.579	123.714	537.917	94.145	416.895	29.337	260.211
1882	134.519	1.228.240	137.324	913.203	120.486	1.210.472	30.414	392.888
1883	55.125	261.683	999.264	1.398.583	1.209.472	6.495.574	1.533	12.471
1884	58.156	380.926	1.004.978	5.689.416	1.354.345	9.684.967	2.463	30.149
1885	60.028	302.243	1.006.051	4.714.881	1.326.620	8.130.231	2.300	25.002
1886	68.663	388.718	926.762	4.621.673	1.314.656	8.442.860	1.899	12.783
1887	67.821	341.162	935.009	3.952.759	1.200.312	7.223.932	2.324	16.491
1888	66.291	392.037	924.490	3.305.528	1.311.805	6.084.503	1.939	15.256
1889	66.062	363.399	808.926	3.105.2..	1.247.417	7.225.685	1.557	12.800
1890	71.827	417.288	978.655	5.279.542	1.314.031	8.807.748	2.397	22.038
1891	62.479	345.327	952.460	4.833.917	1.310.279	8.183.418	2.221	19.966
1892	59.986	157.977	970.664	4.025.293	1.320.481	7.286.766	2.585	15.982
1893	51.653	185.725	1.012.528	3.875.152	1.367.641	6.455.339	2.713	16.830
1894	52.277	296.531	976.791	5.867.437	1.289.71.	9.270.721	3.831	36.885
1895	54.314	270.633	1.005.819	4.978.510	1.314.899	7.473.984	6.269	50.152
1896	55.983	203.821	936.436	4.365.283	1.262.215	5.895.397	5.408	46.349
1897	54.808	192.263	930.871	3.682.804	1.215.500	4.695.466	5.908	59.601
1898	100.447	372.785	876.055	4.674.055	1.416.497	7.755.046	7.940	87.680
1899	»	»	»	»	»	»	»	»

De l'examen du tableau, il apparaît que les colons
européens, qui n'ont pas les mêmes raisons pour pré-
férer l'orge et le blé dur, cultivent à peu près avec une
égale faveur les trois premières céréales.

Recherchant les moyennes pour la période (1884-
1893), nous trouvons pour les cultures européennes :

126.049 hectares en blés tendres
124.433 — en blés durs
120.027 — en orges
43.402 — en avoines.

Depuis 1893, une progression se dessina dans les
superficies consacrées par les Européens aux céréales ;
elle est exprimée par les chiffres du tableau précédent,
mais ne paraît pas proportionnelle au mouvement d'ex-
pansion de la colonisation européenne ; la faveur dont
jouissent les plantations de vignes n'est pas encore
atténuée et le premier symptôme de prospérité des
agriculteurs algériens est dans la substitution de la
vigne à la céréale, ou dans l'attribution à celle-là des
terres conquises sur l'inculture indigène ou acquises au
domaine de l'État.

Si nous remarquons que les Européens possèdent
1.350.000 hectares de terres cultivées, nous constate-
rons qu'ils en consacrent :

31,48 0/0 aux céréales en général et en particulier

9,25 0/0 aux blés tendres
9,18 0/0 aux blés durs
8,88 0/0 aux orges

le reste étant occupé par l'avoine (0,32 0/0), le maïs et
le bechna.

Les renseignements qui précèdent permettent d'appliquer aux cultures européennes ce que nous disions plus haut pour les cultures indigènes, à savoir que les céréales occupent en Algérie la plus grande partie du territoire mis en valeur.

Il y a cependant une différence à établir.

Chez les Indigènes, d'une année à l'autre les surfaces emblavées présentent des écarts très considérables. Ainsi des 924.490 hectares de blés durs de 1888, nous passons l'année suivante à 808.920 et à 978 655 en 1890. Des 1.348.447 hectares d'orges de 1881, nous passons l'année suivante à 1.664.217 pour retomber à 1 299.472 en 1883.

Chez les Européens ces écarts ne se produisent pas avec une telle amplitude depuis quelques années. On les trouve en 1875, quand de 75.760 hectares (1874) la surface semée en orges passe l'année suivante à 215.525, pour redescendre à 101.805 en 1876 ; depuis 1888 les surfaces indiquent une progression lente, sans soubresauts dans un sens ou dans un autre. Ces différences chez les Indigènes déroutent souvent les calculs ; elles tiennent uniquement à ce que les calamités de la sécheresse ont chez eux un retentissement plus considérable, attendu qu'ils font à peu près de la monoculture, qu'ils ne préparent pas de réserves et vivent au jour le jour.

Vienne une mauvaise récolte, ils n'ont pas de quoi ensemencer, à moins qu'ils veuillent se résoudre à emprunter des semences, ou à moins que l'Etat leur en fasse distribuer. Dans les deux cas les ensemencements diminuent tout d'un coup pour augmenter si la récolte suivante est meilleure.

Les effets de la mévente sont moins sensibles et moins généraux ; l'indigène algérien ne peut pas abandonner volontairement la culture des céréales et la remplacer par toute autre culture, mais la superficie qu'il leur consacre varie forcément avec l'abondance ou la pénurie de la récolte précédente.

Au point de vue de la valeur en numéraire des récoltes de céréales, on peut estimer les quantités moyennes à :

1.252.778 quintaux métriques de blés tendres
5.163.772 — de blés durs
8.791.357 — d'orges
469.760 — d'avoines,

ce qui représenterait une valeur :

25 millions de francs de blés tendres
103 — de blés durs
104 — d'orges
7 — d'avoines,

soit un total de 239 millions de francs de céréales que produirait l'Algérie en année moyenne.

Ajoutons que les travaux de la moisson et des battages, exécutés généralement par la main-d'œuvre indigène, représentent un salaire moyen de 14.000.000 de francs que les Européens versent aux Arabes, Kabyles et Marocains qui viennent souvent de tribus très éloignées s'embaucher dans les fermes et s'en retournent ensuite dans leurs montagnes avec ce produit de leur travail. C'est encore là un fait important à retenir et à mettre à l'actif des avantages que la colonisation a multipliés dans l'ancien Pays Barbaresque.

L'exportation des céréales donne lieu entre la France et l'Algérie à un fret valant par an de 10 à 12 millions de francs, sans compter les sommes considérables qu'encaissent les Compagnies locales de chemin de fer pour le transport des centres de production aux ports d'exportation.

On voit par ces divers chiffres l'importance considérable qu'a, à de points de vue nombreux, la culture des céréales en Algérie.

Situation de la culture des céréales
en Algérie vis-à-vis du marché général

———

Nous venons de démontrer l'importance économique de la culture des céréales en Algérie.

A côté de cette étude, il peut être intéressant de déterminer exactement ce qu'est notre culture céréalifère relativement à la production mondiale et par rapport au marché international de grains. Il y a là, pour l'avenir de la colonie, pour le moment où la colonisation aura conquis plus de terres et où les indigènes, grands producteurs de blés, auront perfectionné leurs méthodes de culture et amélioré leurs rendements, il y a une question qui vaut que nous nous y arrêtions un moment.

Le premier point à poser est celui qui concerne la possibilité pour l'Algérie de produire des excédents de céréales. Nous parlerons tout d'abord et principalement des blés.

Les moyennes que nous avons données plus haut, calculées sur une période qui n'a pas connu de grosses sécheresses, établissent la production de l'Algérie à :

Blés tendres....   1.252.778
Blés durs.......   5.163.772
Soit ensemble à.   6.416.550 quintaux métriques.

D'autre part, calculée sur la période 1872-1876, la moyenne donne un chiffre de 6.179.483 quintaux ; sur la période de 1885-1890, un de 6,280,818 quintaux. Ce sont des périodes de bonnes années où l'exportation a atteint ses expressions mathématiques les plus élevées.

La moyenne de ces trois moyennes s'établit donc à une quantité de 6,285,617 quintaux que nous prendrons comme base de nos calculs et comme représentant la production moyenne des blés de l'Algérie dans son état économique et agricole actuel.

Le total général de la production des blés dans le monde a été en :

1895 de 908,670,000 quintaux métriques
1896 de 870,797,500   —
1897 de 818,670,000   —
1898 de 982,700,000   —
1899 de 927,173,000   —

soit en moyenne : 900,000,000 de quintaux métriques avec, depuis quelques années, une augmentation qui semble vouloir s'affirmer en même temps que se produit un accroissement du nombre de consommateurs.

Ainsi on estime qu'en 1871 il y avait 371 millions d'hommes mangeant du pain et que, en 1899, ce nombre arrivait à 516 millions d'hommes.

Ce double fait a de l'importance pour tout pays producteur, car il maintient une sorte de parrallélisme heureux entre la production et la consommation et permet de ne pas craindre de ces excédents formidables qui aviliraient la culture et, à certaines époques et dans certains pays, ont fait abandonner les céréales par les cultivateurs.

Il est vrai de dire que la production de l'Algérie actuelle ne représente que le 0,697 0/0 de la production de blés du monde et que la qualité de consommateurs des Indigènes, qui composent le 86 0/0 de la population de l'Algérie, semble être une sécurité assez réelle pour l'avenir. En effet, sur une population totale de 4,429.000 habitants, nous avons 3.764.076 musulmans sujets français. Cette population qui intervient comme nous l'avons montré précédemment pour la part la plus considérable dans la production des blés, constitue aussi le plus sérieux et le plus important consommateur. Elle s'accroit très sensiblement depuis que les guerres intestines ont cessé et depuis que nous avons imposé dans les tribus certaines précautions contre les épidémies infantiles qui décimaient une race très prolifique.

On estime que dans un demi siècle cette population sera double. En 1856 elle était de 2,307.540 têtes ; en 1896 de 3,764.076. En admettant que les perfectionnements culturaux dont nous appelions la diffusion soient appliqués et étant donné que la surface cultivée ne peut pas s'accroître dans une proportion égale à celle de l'accroissement de la population, on peut considérer que la consommation intérieure sera le premier et le plus sûr débouché de nos blés algériens.

En attendant, l'Algérie exporte des blés ; elle a des excédents.

Il n'y a pas une corrélation absolue entre l'importance de la récolte et l'importance de ces excédents.

D'abord, la consommation, chez les Indigènes, augmente sensiblement les années d'abondance, tant par la consommation alimentaire que par la plus grande surface donnée aux emblavures. Si l'année est bonne, l'Arabe a du grain et sème souvent le double de ce qu'il

avait semé l'année précédente. En raison de cette
consommation intérieure, le chiffre des exportations
représentant les excédents disponibles n'est pas sous la
dépendance absolue de la quantité plus ou moins
grande de blés récoltés.

Ce fait est mis en évidence par les différences des
chiffres représentant les ensemencements des Indigènes, surtout en ce qui concerne les blés tendres dont
les Indigènes n'ont pas une consommation immédiate
si développée. (Voir tableau I.)

Il y a ensuite un autre fait à noter qui influence
profondément les exportations de blés d'Algérie : c'est
la concurrence que viennent faire sur nos propres
marchés les farines de la Métropole.

Cela ressemble assez à une anomalie quand on apprend
que la plus grande partie de nos excédents de blés
vont en France et reprennent le chemin de l'Algérie
sous forme de farines. Cela s'expliquerait cependant si
l'industrie de la minoterie n'existait pas, comme c'était
le cas aux tous premiers temps de la conquête, puisque
nos premières farines algériennes apparurent en 1853,
année où furent exportés 537 kilogs de farines d'Alger.
Mais la minoterie est parfaitement outillée dans nos
trois provinces ; de magnifiques usines existent, fonc-
tionnant nuit et jour, travaillant les blés du pays avec
les procédés les plus perfectionnés. Elles pourraient
totalement alimenter la consommation si par suite de
combinaisons d'admissions temporaires, de primes
d'exportation, nous ne voyions les farines de Marseille,
fabriquées avec des blés d'Algérie, venir concurrencer
efficacement nos farines fabriquées sur place, malgré

le double frêt relativement élevé qu'elles ont à supporter pour l'aller et le retour.

Il en est de même de l'industrie des pâtes alimentaires qui se trouve dans une situation notoire d'infériorité, bien que semoules et pâtes soient le plus souvent fabriquées par les blés durs d'Algérie.

En 1892, Marseille nous a expédié 88.982 quintaux de farines sur une exportation totale de 142.383 quintaux ; 5.798.274 kilogs de semoules sur 36 millions de kilogs, et 214.831 kilogs de pâtes sur 4.606.647 kilogs. L'importation des farines métropolitaines en Algérie a atteint, en 1896, le chiffre de 207.852 quintaux, alors que l'Algérie avait exporté 457.021 quintaux de blés et 29.829 quintaux de ses farines.

On voit que la valeur numérique des excédents de blés de l'Algérie dépend souvent d'autres circonstances que de la seule quantité produite.

Pour la déterminer nous reprendrons les moyennes des deux périodes que nous avons précédemment examinées.

Pendant le cycle 1872-1876, la surface des ensemencements de blés tendres et durs présente une moyenne de 1.149.884 hectares.

Cette surface produisit : 6.179.483 quintaux de blés. A cette disponibilité il semble logique d'ajouter les farines importées représentant 17.800 quintaux de blés. La consommation locale avait donc à sa disposition : 6.197.283 quintaux de blés.

L'Algérie, pendant ce cycle, a exporté, en grains et farines, une quantité représentant : 1.073.506 quintaux de blés ; la différence, soit : 5.123.777 est le chiffre de la consommation intérieure pour l'alimentation ou les ensemencements.

Pour la période de 1885-1890, une des plus favorables pour l'exportation des blés, la production moyenne, en blés tendres et durs, fut de 6.260.818 quintaux. L'importation des farines et blés s'éleva à 82.800 quintaux. Sur les 6.343.618 quintaux de blés qui étaient à sa disposition, l'Algérie consomma 5.032.126 quintaux et exporta 1 311.492 quintaux.

D'après ces calculs nous pouvons poser que l'Algérie consomme actuellement 5.000.000 de quintaux de blés et possède un excédent annuel de 1.200.000 quintaux.

Ces chiffres ne peuvent que s'appliquer à l'époque actuelle, car, ainsi que nous l'avons indiqué, la population musulmane continue à s'accroître rapidement et dans cinquante ans si les cultures de céréales n'ont pas suivi une progression égale, l'Algérie deviendra au contraire un pays importateur pour des quantités considérables.

Cette conclusion est bonne à retenir ; elle ouvre un horizon très vaste à une culture qui est bien à sa place en Algérie et qui peut y donner des résultats sérieux.

Elle permet d'envisager l'avenir avec plus de courage que si la colonie se voyait réduite à voir diminuer ses emblavures ce qui apporterait un trouble considérable et grave dans les mœurs des populations indigènes et dans l'essor de la colonisation européenne.

———

3

. .

Puisque l'Algérie est exportatrice nous avons à nous préoccuper des débouchés qui peuvent être offerts à ses excédents et à rechercher s'ils ne pourraient être augmentés.

Nous avons établi plus haut la moyenne de nos exportations de blés ; les documents de douane nous montrent en outre que la majeure partie de nos exportations prend la route de la France.

Quelques considérations sur la situation du marché des blés en France trouveront donc de ce fait leur justification.

On sait que la France est classée parmi les pays importateurs. Ce n'est qu'en 1899, que pour la première fois sa production locale a équilibré, *nominalement*, les besoins de son alimentation et ses industries. Tant que ce fait nouveau ne se sera pas affirmé pour plusieurs années de récolte, nous serons fondés à considérer la France comme obligée d'acheter au dehors d'assez grandes quantités de céréales ; les documents du *commerce spécial* le prouvent très évidemment. Ils nous montrent par exemple que les blés étrangers, achetés et *entrés dans la consommation* se chiffrent de la manière suivante en quintaux métriques :

	1895	1896	1897
Aux Etats-Unis.	182.734	780	1.819.159
A la Russie.....	2.022.794	479.244	1.874.395
A la Roumanie.	166.050	17.811	26.758
A la Turquie...	81.983	18.822	93.275
A l'Algérie	1.129.416	538.887	450.502
A la Tunisie....	609.829	487.693	433.758
A l'ensemble de tous ses fournisseurs	4.507.304	1.584.770	5.222.184

Ce qui pour, pour les trois années examinées donne une moyenne de 3.771.518 quintaux métriques.

La part contributive de l'Algérie dans cet apport nécessaire ne s'élève qu'à 18 o/o du total ; d'où il résulte que les importations de blés algériens en France sont utiles à la Métropole ne troublent en rien l'agriculture nationale et constituent au contraire un élément d'échanges très heureux entre la métropole et sa colonie (1).

Il en résulte aussi que l'Algérie pourrait développer largement ses cultures de céréales de façon à augmenter, à doubler et tripler ses excédents, sans avoir à craindre de concurrencer sérieusement la production intérieure de la France.

Mais il y a peut-être à cette chose possible en soi un empêchement d'un autre ordre et dont il nous faut bien dire quelques mots dans ces pages consacrées aux céréales d'Algérie.

Nous venons de mettre en évidence la personnalité des fournisseurs habituels de la France : ce sont la Russie, les Etats-Unis, les Etats Balkaniques, auxquels il faut ajouter, pour des quantités moin-

---

(1) Nos points d'exportation sont particulièrement Marseille et Dunkerque. Ce dernier port achetait autrefois à l'Algérie d'assez grandes quantités de blés (45.786 quintaux métriques en 1889) ; actuellement, pour les raisons que nous avons exposées et qui maintiennent la faveur du commerce aux blés étrangers, Dunkerque ne nous achète que :

12.581 quintaux métriques en	1896
10.900	—	1897
8.000	—	1898

Seules les exportations d'orge sur ce port ont conservé de l'importance.

dres, les Indes Anglaises, l'Australie, la République Argentine et nous devons nous demander s'il serait possible à l'Algérie de soutenir la lutte contre ces concurrents étrangers et si quelques mesures générales ne pourraient être prises pour lui permettre de se substituer à eux, pour une fourniture plus importante.

Le problème est très difficile à résoudre ; il nous met aux prises avec une situation des plus compliquées qui paraît s'être accentuée en 1899.

Les blés, en France, sont à un prix des plus bas. Nous les avons vus à 34,31 en 1867, 26,63 en 1870, à 33,13 en 1871, à 23,95 en 1875 ; un moment relevés en 1877, ils s'avilissent peu à peu d'année en année ; ils descendent à 19,21 en 1891, à 19,14 en 1895, remontent légèrement à 25,37 et 25,80 en 1897 et 1898 et se dépriment complètement en 1899 pour en arriver à 19.

Non seulement le renchérissement que redoutaient les libre-échangistes au moment de la réforme douanière ne s'est pas produit, mais au contraire le système douanier n'a pas pu empêcher l'avilissement du prix dont se plaignent vivement les cultivateurs métropolitains et qui a son retentissement dans nos campagnes algériennes.

La production des blés dans le monde s'est accrue et semble s'accroître sans cesse, sans doute parce qu'il n'y a pas de produit qui soit plus merveilleusement approprié à l'exportation, que les blés se vendent plus ou moins bien, mais se vendent toujours, se conservent facilement et trouvent preneur tôt ou tard.

D'autre part, un fait d'ordre particulier, étranger à

la culture, mais qui domine tout le système des échanges internationaux, influe puissamment sur le cours des blés et provoque cette anomalie que, dans les années déficitaires, le prix du blé ne suivant pas la fluctuation de la production se trouve très bas. En 1870 l'once d'argent valait 60 pence, le blé 38 ; quand l'once d'argent diminua de valeur et passa de 55 à 51, à 46 puis à 40 pence, nous vîmes le blé descendre à 38, 26, 21 puis 15 pence. Le prix du blé suit donc exactement la dépréciation de l'argent ; de même que, particulièrement aux Indes, les dépréciations du change et la diminution conséquente de la valeur nominale de la roupie, permettent d'acheter avec une roupie tantôt 10, tantôt 8 seers de blé, le prix du blé à Bombay ne s'élevant pas dans une proportion exactement égale à celle de la baisse extérieure de la roupie.

Ces diverses influences ont pour effet général une diminution malheureusement progressive du prix des blés que ne compensent pas assez les droits de douane institués dans un esprit de protection.

Elles s'ajoutent aux conditions particulières qui constituent les facteurs de la production des céréales dans certains pays et qui permettent aux blés de ces pays de venir, malgré les droits, faire une concurrence utile aux blés nationaux.

Ainsi il y a trente ans, le transport d'un boisseau de blé de New-York coûtait 30 cents ; il ne coûte plus aujourd'hui que 7 cents. Pour le prix d'achat d'un boisseau on faisait voyager 5 boisseaux 77 de Chicago à New-York ; actuellement pour le même prix on expédie 17 boissseaux 27.

Sur le chemin de fer trans-américain, le transport qui était de 42 cents est réduit à 12.

En même temps que diminuaient dans de telles proportions les prix de transports, le prix de revient suivait une diminution semblable. C'est au point que dans certains districts d'Amérique le prix du boisseau de 35 kilogs est descendu à 58 cents.

Si nous ajoutons à ces renseignements rapides ces faits caractéristiques de la production des États-Unis : que ce pays produit des excédents considérables (12.178.000 tonneaux en 1888) ; que la culture extensive y est poussée à son développement le plus avancé, que le système bien connu des élevators et des warrants facilite beaucoup l'exportation, nous devons avouer que les producteurs algériens de céréales ne sont pas outillés pour soutenir victorieusement une lutte quelconque contre les producteurs américains. Un seul chiffre achèvera la démonstration. En 1893, les blés américains valaient 9 francs l'hectolitre sur place ; à la même époque, les paysans français déclaraient ne pas pouvoir tirer un profit suffisant de leurs terres parce qu'ils produisaient des blés valant de 22 à 23 francs.

Du côté de la Russie, nous trouvons également une situation défavorable à nos essais de concurrence. Dans les zônes fertiles du Tchernozème, les terres noires donnent d'abondantes récoltes sans jamais recevoir d'engrais. Dans les provinces Baltiques, en Livonie, en Courlande, où l'agriculture est assez avancée, on obtient d'un sol ordinaire des récoltes à peu près égales à celles du Tchernozème, mais avec un caractère de régularité beaucoup plus grand. La région du

Caucase commence à envoyer des blés dans la mer
Noire. Les voies ferrées, les voies navigables, l'application, comme en Amérique, des Elevators et des
Warrants, les installations des ports du Nord et du Sud
admirablement outillées pour une manutention rapide
et économique des grains, les progrès très sérieux de
la colonisation de la Sibérie et de toute la Russie d'Asie
sont autant de conditions qui favorisent l'exportation,
dans de bonnes conditions, d'une production céréalifère
d'un prix de revient déjà très réduit.

Tout cela fait que depuis quelques années la situation des marchés de blés est vraiment mauvaise en
France. Au commencement de 1900, les blés étrangers
valent, dans les ports de la Manche, de 16 à 17 francs ;
si nous ajoutons à ce prix le montant des courtages,
de déchargement, de transport, etc..., soit 2 francs,
plus le montant des droits de douane 7 francs, nous
nous trouvons en présence de blés étrangers payés de
25 à 26 francs, quand les blés du pays ne se vendent
pas plus de 18 à 19 francs.

Il y a là une anomalie sur laquelle, au nom des producteurs algériens, nous ne saurions assez insister. La
cause en apparaît, pour la plupart des esprits, dans le
régime des admissions temporaires et dans les usages
que les industriels peuvent en faire. Ainsi il est démontré que par suite de ces admissions temporaires qui
permettent par exemple à la meunerie d'entrer sans
droits 100 kilogs de blé à condition d'exporter 60 kilogs
de farine et de ne payer qu'un droit minime (0,60 pour
100 kilogs) sur 38 kilogs de son (2 kilogs étant
accordés comme déchet de mouture), les types supé-
rieurs à 30 0/0 de blutage laissent sur les marchés

français un stock de farines provenant d'un blé étranger qui n'a pas payé le droit de douane.

Il en résulte aussi que les types inférieurs au taux de 30 0/0 de blutage donnent le moyen d'exporter des farines mêlées de résidus et de payer avec un produit inférieur par équivalence le droit de 7 francs sur les blés destinés à des farines de qualité supérieure.

La complexité des types crée des difficultés considérables de perception et fausse l'opération d'admission temporaire permettant des fraudes nombreuses ; la multiplicité des zônes qui astreint le minotier à faire des opérations dans un rayon peu étendu, empêche beaucoup moins la spéculation qu'on ne pensait et c'est un obstacle à l'équilibre des blés sur tout le territoire.

A tous ces avantages très sérieusement exploités par les spéculateurs, s'ajoute cette conséquence que le droit de douane ne joue pas tout entier ; il est diminué de la valeur qu'ont sur les marchés les acquits fournis à l'entrée des blés qui s'échangent et qui permettent aux industriels de diminuer l'effet de la protection et aux gens de la Bourse de jouer sur les blés, substance alimentaire, comme sur les actions et les autres papiers de la finance.

Voilà donc un ensemble de faits qui ne sont pas de nature à favoriser l'importation en France des blés d'Algérie.

Car nos blés, par suite de l'assimilation douanière complète entre la Métropole et sa Colonie, ne peuvent bénéficier, en aucune circonstance, des combinaisons que permet, sur les blés étrangers, le système français des admissions temporaires ; car nos blés ne peuvent parvenir aux ports d'embarquement qu'aux prix de frais très élevés grâce à l'organisation onéreuse et insuffisante de nos voies ferrées ; enfin, parce que nos Compagnies françaises de transport maritime, possédant le privilège du cabotage entre la France et l'Algérie et, le plus souvent, se concertant tacitement, font payer à nos céréales des frêts relativement trop élevés. Il faut tenir compte aussi que l'état de nos cultures de blés, surtout de celles des indigènes qui représentent le 38 0/0 de la surface totale possédée, n'est pas encore très avancé comme perfectionnement et que nos rendements moyens sont peu élevés. Le rendement de blés tendres, calculé sur la période 1884-1893, est :

Cultures européennes...... 7,32
— indigènes......... 5,18
Celui des blés durs pour la même période est :
Cultures européennes...... 6,62
— indigènes......... 4,56

Nous sommes donc loin des rendements moyens de 14.26 obtenus en France, et c'est encore là un élément qui, ajouté à ceux que nous avons présentés plus haut, réduit à un rôle plutôt secondaire notre production algérienne en tant que pays exportateur.

On calcule que, alors qu'aux Etats-Unis il y a 1.012 kilogs de céréales produits par tête d'habitant, 795 kilogs en Roumanie, 698 en République Argentine, 593 en Bulgarie et Roumélie, 471 en Russie, 425 en France, l'Algérie dispose de 304 kilogs de céréales par tête d'habitant. Si nous nous reportons au chiffre et à la composition de la population, aux mœurs alimentaires des indigènes, nous conclurons que, en ce qui concerne

les blés. le plus grand consommateur est sur place et
que, de ce côté, il y a peut-être une compensation aux
difficultés qui entravent le développement de notre
exportation de blés en France.

Cependant, si les admissions temporaires étaient
supprimées ainsi que le demandent nos Chambres de
Commerce et nos Associations agricoles et si le droit
de 7 francs jouait dans sa plénitude, l'Algérie pourrait
justement prétendre à augmenter ses fournitures de
blés à la Métropole.

Pour les blés durs, qui sont en faveur auprès de nos
cultivateurs, il semblerait qu'un débouché plus large
pourrait être obtenu, car ces blés sont très riches en
gluten, plus riches que les blés similaires de Russie,
de Hongrie et d'Amérique ; leurs farines donnent un
plus grand rendement de pain et possèdent des qualités
précieuses, reconnues de tous, pour la fabrication des
pâtes, des biscuits, du pain, etc...

Si les indigènes arrivaient, au moyen de modifications
élémentaires, à apporter à leurs modes de culture, à
leur charrue rudimentaire, à améliorer leur rendement, l'exportation pourrait disposer de quantités plus
considérables. Il en serait assurément de même pour
les colons européens qui n'ont pas encore tous adopté
l'assolement le meilleur et qui ne donnent pas partout
à leurs terres de blé les préparations nécessaires. La
question des engrais appliqués à la culture des blés en
Algérie est aussi loin d'être résolue ; nous ne connais-
sons pas encore suffisamment les lois qui régissent.
sous nos climats, avec notre météorologie très incons-
tante, l'influence des engrais sur le rendement des
céréales. Quelques tentatives n'ont pas donné de résul-

tats assez probants et il y a là toute une partie de la science de la culture des blés qui reste à établir. L'introduction de variétés nouvelles à forts rendements n'a pas davantage donné des résultats appréciables ; seule la sélection des espèces locales et l'amélioration des procédés culturaux, semailles en lignes, labours préparatoires, choix de semences ont affirmé la possibilité d'améliorer sensiblement la culture et, par suite, de donner plus de développements aux exportations.

Il est aussi une particularité sur laquelle nous appellerons l'attention de nos lecteurs et des Pouvoirs Publics : les céréales d'Algérie sont exclues systématiquement des adjudications de l'Intendance militaire en France. Cet ostracisme que rien d'exact ne justifie, nuit beaucoup aux intérêts de la production algérienne.

De l'examen rapide auquel nous venons de nous livrer, il résulte que le rôle de la culture des céréales en Algérie, considéré dans ses rapports avec le marché général, est un rôle resté secondaire par suite de circonstances nombreuses et d'ordres divers, mais que ce rôle, tel qu'il pourrait résulter d'une application intégrale des droits de douane, est pour la France d'une incontestable utilité, qu'il peut devenir plus important et que cette culture restera longtemps encore pour l'Algérie une culture essentielle, nécessaire à la Colonie elle-même et nécessaire à la Métropole.

Valeur commerciale et industrielle des blés d'Algérie

Nous aurons très peu de chose à dire sur ce point car, quelle que soit la valeur industrielle et alimentaire des blés d'Algérie, leur valeur commerciale est sous l'étroite dépendance des cours de Marseille et des fluctuations' que subissent ceux-ci, sous l'effet, soit des jeux de bourse soit des nouvelles optimistes et pessimistes des pays producteurs, de la recrudescence de l'importation ou de toute autre cause d'ordre économique.

Aussi, si nous parcourions les annales de l'agriculture algérienne, y trouverions-nous, pour exprimer cette valeur commerciale, des chiffres excessivement différents.

Les anciens colons se rappellent avec tristesse des années où les blés se vendirent à peine 10 et 12 francs ; deux ou trois ans après, les cours se relevaient tout d'un coup, et atteignaient des limites extraordinaires ; en 1868 on a payé jusqu'à 40 francs un quintal de blé.

Nous ne saurions donc apporter ici des données précises et fixer aux blés d'Algérie une valeur commerciale quelconque.

Voici seulement, à titre d'indication, les fluctuations subies par les blés dans le courant de 1899, sur la place d'Alger.

A fin janvier, les blés étaient en baisse et valaient :

Blés durs, 20 fr. 50 à 22 francs ; blés tendres, 20 à 22 francs.

En février, la situation n'était pas changée, les tuzelles de Bel-Abbès avaient seulement une avance de 1 franc.

Fin février, les nouvelles du Chéliff étaient mauvaises et produisaient de la fermeté sur les blés durs qui allaient jusqu'à 22 fr. 50.

Quelques jours après, les pluies étant venues, les cours fléchissaient, les blés durs valaient de 20 à 21 fr. 50 ; les pluies continuaient, la baisse des blés durs s'affirmait ; ils ne valaient plus que de 19 à 21 ; les tendres suivaient de 20 à 21 fr. 50. Vers le 15 mars, la baisse devenait un désastre ; les blés durs valaient 19 à 19,50 ; les tendres de 19 à 20 et, la semaine suivante, Alger n'achetait plus les blés durs que 18 à 19 et les tendres 18,50 à 20. Dans un mois les blés avaient baissé de 2 francs à 2,50 par 100 kilos.

Aux premiers jours d'avril, ils étaient de 17 à 18,50 pour les blés durs et de 18 à 19 pour les blés tendres. Vers le milieu du mois, le Chéliff envoya des mauvaises nouvelles des récoltes en terre ; les cours se relevèrent et passèrent de 19 à 20 pour les blés durs et tendres, puis à 21 et 21,50 pour les blés tendres, 20 et 20,50 pour les blés durs.

Au mois de mai, on cotait de 21,50 à 22,50 les tendres, de 21 à 22 les durs : mais la pluie étant survenue, les prix faiblirent.

Fin mai, les moissons étaient commencées dans le Chéliff. Le stock étant encore assez considérable, les cours fléchirent, ils passèrent à 18,50-19,50 pour les blés durs et tendres. Fin juin, on cotait, blés tendres colons 20 à 21 ; d'indigène 18 à 19. Au commencement de juillet, la Mitidja avaient envoyé ses échantillons sur le marché, et Sétif s'apprêtait à approvisionner cette place ; les prix se relevaient et on cotait blés tendres de 21 à 23 ; blés durs, 19,50 à 20. Les commencements de la campagne amenaient la baisse d'ordinaire ; ce fut la hausse qui s'affirma sur lace, pendant que la France subissait une baisse, pssez caractérisée.

a Fin juillet, les cours étaient : blés tendres colons 24 à 25 ; blés durs colons 22 à 23 ; blés durs indigènes 21 à 22. D'une semaine à l'autre la hausse tomba rapidement ; au commencement d'août, les blés tendres étaient de 21,50 à 23 ainsi que les durs ; la baisse continua, d'autant que fin août, la place d'Alger, acheta à 21,25 quai Alger des froments roux de l'ouest de la France. Le blé tendre descendit de 20 à 22, le dur de 20 à 21,50. Fin septembre, le blé tendre négligé était entre 19 et 21, le dur entre 20 et 23 et les affaires restèrent calmes. En novembre, les blés tendres subissaient une dépréciation sans précédent et descendaient de 18 à 19,50 ; les durs se maintenaient de 21 à 22,50. Fin novembre, les blés durs descendaient à leur tour et ne valaient plus que de 19 à 21,50 ; les tendres baissaient encore de 17,50 à 19.

L'année se finissait sur les prix suivants : blés tendres 19 à 19,50 ; blés durs 20 à 21.

Voici d'ailleurs un tableau schématique qui montre les fluctuations des cours et l'extrême sensibilité du marché d'Alger.

Schéma des Variations du Cours du Blé,
sur le Marché d'Alger,
pendant 1899

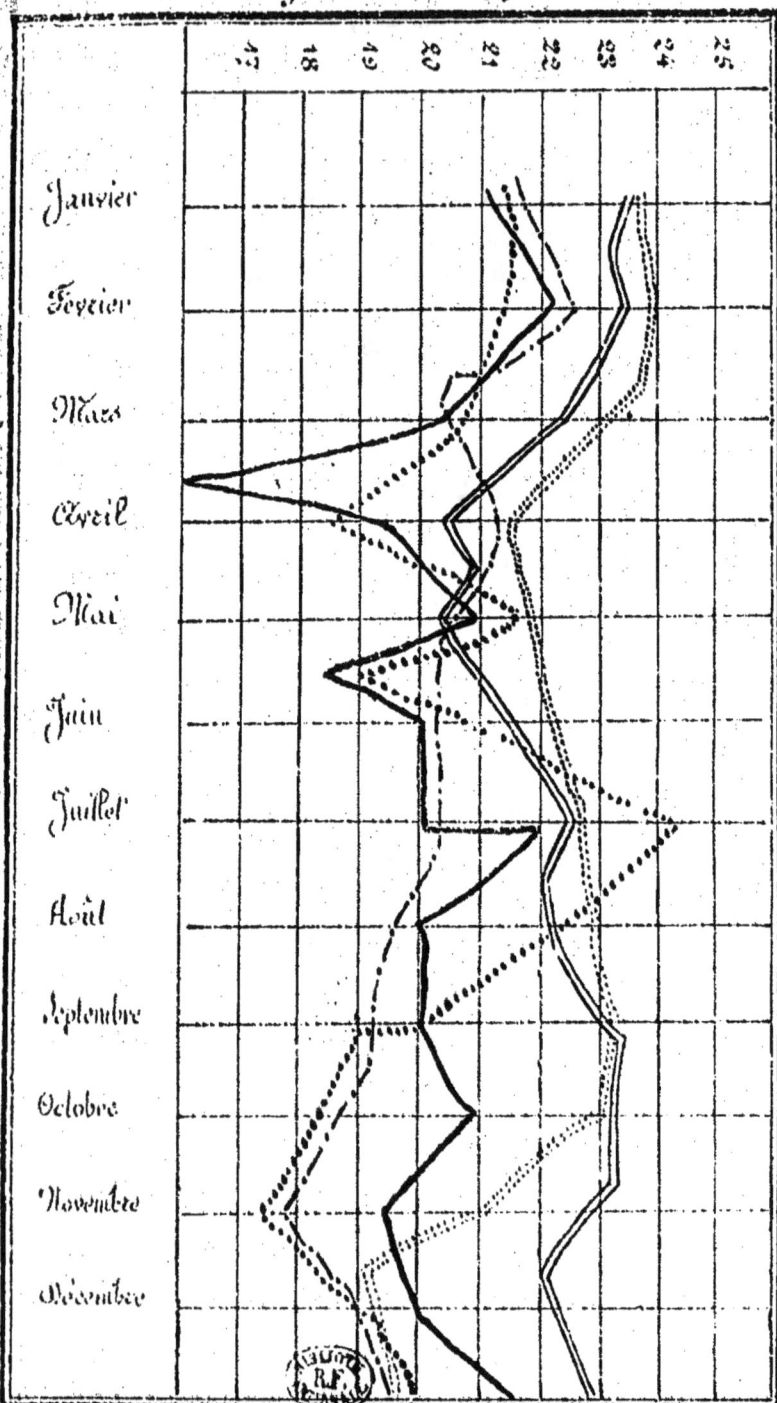

Janvier · Février · Mars · Avril · Mai · Juin · Juillet · Août · Septembre · Octobre · Novembre · Décembre

Cours d'Alger : Blés durs, ———— Blés tendres, ·······
Cours moyen des Blés en France; Cote officielle de Paris, —·—·
Cours de Marseille; Blés durs, ———— Blés tendres, ·····

Ce tableau montre combien il serait difficile de pouvoir donner une expression numérique de la valeur commerciale des blés d'Algérie. Les cours de nos places de consommation et de nos ports d'exportation varient d'une semaine à l'autre avec des écarts souvent considérables ; ils suivent d'assez près les fluctuations des marchés de Marseille et de Paris ; en outre, ils subissent des variations locales indépendantes de l'action des marchés extérieurs ; la démonstration graphique que nous en donnons parait d'une évidence suffisante et rien ne se révèle aussi instable que les cours de nos blés.

Nous dirons seulement qu'au point de vue agricole, les blés tuzelles blanches de Sidi-bel-Abbès valent, normalement, de 0,75 à 1 franc de plus par 100 kilogs que les autres blés, et que les sortes commerciales des blés d'Algérie vont en décroissant de valeur, de l'Ouest à l'Est, avec une différence qui, entre les provenances d'Oran et celles de Philippevilles, peut être de 2 à 3 francs par quintal.

Normalement aussi, les blés durs valent de 1 à 2 francs de moins que les blés tendres, mais l'exemple de 1899, exposé dans le tableau schématique ci-dessus, prouve que ces conditions ne sont pas immuables.

Nous dirons aussi que quand les blés se vendent au-dessous de 18 francs le quintal, c'est un désastre pour les colons, parce que leurs rendements sont faibles et que chaque année n'apporte pas une récolte régulière. Quand l'année est favorable, par contre, les colons obtiennent des compensations et on entend dire sur les Hauts-Plateaux qu'une bonne récolte tous les trois ans suffit. Nous avons montré que, avec de l'in-

dustrie et de l'intelligence, il n'était plus impossible,
maintenant que cette culture est mieux connue, d'obtenir une bonne récolte tous les ans.

Puisque les céréales d'Algérie sont depuis si longtemps l'objet d'une importation en France, il semblerait
inutile de s'arrêter à démontrer leur valeur industrielle.

Le fait de voir d'assez grandes quantités de nos
tuzelles se traiter sur le marché de Marseille, et une
très grande quantité de blés durs prendre le chemin des
semouleries phocéennes est une preuve d'une faveur
certaine basée sur une valeur indiscutée.

On sait d'autre part que à toutes les Expositions qui
ont eu lieu depuis trente ans, les blés et les farines
d'Algérie ont figuré avec honneur.

Néanmoins, nous estimons que nos céréales n'occupent pas, dans les transactions métropolitaines, la place
qu'elles méritent, place en partie usurpée par les blés
étrangers et qu'il serait si facile de leur rendre si
l'industrie française voulait les étudier de plus près et
se rendre compte des avantages qu'elle trouverait à
leur emploi.

Les blés tendres d'Algérie ont une composition chimique et un rendement en minoterie qui permet de les
mettre en parallèle avec les meilleures qualités d'Europe et d'Amérique. Ainsi, la moyenne de la richesse
en gluten des farines de France est de 24 à 26 0/0,
tandis que les farines des blés d'Algérie accusent communément 28 à 29 0/0 et dépassent même ce chiffre.

En 1892, le Laboratoire des Marchés des Douze

Marques, à la Bourse de Commerce de Paris, analysa une collection de farines algériennes provenant des minoteries d'Alger, Hussein-Dey, Blida, Mascara, Saïda, Oran, Boufra, Sétif, Guelma, Souk-Ahras, et trouva des rendements en gluten de 29,70, 30, 30,50, 31, 33,50 et 31,50. Il y fut constaté aussi que nos farines donnent un plus grand rendement en pain ; avec les farines de France, les essais de panification faits régulièrement avec 1.500 grammes d'eau et 2 k. 150 grammes de farine donnaient 3 k. 100 de pain ; les farines d'Algérie donnèrent jusqu'à 4 k. 500, soit un 1 k. 400 grammes de pain de plus. En outre, le pain fait avec les farines d'Algérie se tenait mieux et restait frais plus longtemps.

L'autorité militaire fit étudier, il y a quelques années, par les Intendances des divisions d'Alger, d'Oran et de Constantine, des échantillons nombreux de blés tendres pour reconnaître leur valeur au point de vue de l'obtention de farines pour les approvisionnements militaires.

Le Ministre de la Guerre, dans sa circulaire du 10 juin 1895, déclara :

« L'examen qui a été fait de ces échantillons a donné « lieu de constater que les blés qui les composent peu- « vent être qualifiés de blés d'essence tendre et, qu'en « raison de leur qualité, il sont susceptibles de donner « des farines tendres parfaitement utilisables pour la « fabrication du pain de troupe. »

En 1897, M. Balland a présenté à l'Académie des Sciences une note sur la composition des blés consommés en France. Les blés d'Algérie et de Tunisie y sont distingués comme les meilleurs.

Voici le résumé des analyses pour les blés d'Algérie :

COMPOSITION	TENDRES		DURS	
	Minimum	Maximum	Minimum	Maximum
Eau..................	11 »	13 »	11.20	12.60
Matières azotées.......	9.36	12.06	10.50	13.20
— grasses	1.60	1.90	1.35	2 »
— amylacées ...	69.42	73.41	69.70	72.43
Cellulose...............	1.82	3.66	2.04	2.94
Cendres..............	1.36	2.06	1.70	1.96
Poids moyen pour 100 gr.	3.52	5.03	3.66	4.81

M. Balland ajoute à ces chiffres que les blés d'Algérie offrent plus d'uniformité dans leur composition
que les blés de France *Ils sont moins hydratés et plus
azotés*, donc plus nourrissants et pour ces précieuses
qualités doivent être recherchés de préférence.

Nous remarquerons à notre tour que la teneur en
cellulose n'est pas très élevée. Cette donnée est inté-
ressante en ce que la valeur industrielle d'un blé est,
de l'avis général, en relation directe avec le volume
du grain. Dans ce dernier, l'enveloppe qui formera le
son, contient presque toute la cellulose brute. En effet,
tandis que la farine ne renferme pas plus de 1/2 p. o/o
de cellulose, le son en contient généralement 18 p. o/o.

La richesse d'un blé en cellulose est donc un indice de la proportion de l'écorce ou de son, par suite du rendement en farine et grain, et, plus le taux de cellulose est élevé, moins le blé a de qualité marchande.

Les chimistes et les industriels considèrent comme médiocre ou mauvais un blé qui a plus de 2,90 o/o de cellulose. Nous venons de voir, par les analyses de M. Balland, que la moyenne de cellulose contenue dans les blés d'Algérie est :

Pour les tendres : 2.74
Pour les durs : 2.49

Des analyses de M. Aimé Girard donnent les résultats suivants :

Blé de Bel-Abbès, Gluten sec : 8.39 ; amidon : 72.40
Blé de la Mitidja — 11.36 — 69.33

Le blé de Bel-Abbès se rapproche donc des meilleurs blés français ; le blé de la Mitidja a de grandes analogies avec ceux de la Mer Noire.

Les blés de la Mitidja donnent en moyenne 68 o/o de farine de 1re qualité et 4 o/o de farine seconde.

Les tuzelles de Bel-Abbès donnent de 73 à 75 o/o de farine de 1re qualité et 3 o/o de farine seconde. On en a vu, donner 78 o/o de farine.

Les blés durs donnent de 78 à 80 o/o de farine pour les sortes ordinaires et 85 o/o pour les sortes supérieures.

Si les blés durs sont très honorablement connus en France par la semoulerie et les industries similaires, ils n'ont pas contribué pour peu au développement des grandes usines Marseillaises; il y a trente ans, grâce à eux, la France qui était tributaire de l'Italie pour les pâtes alimentaires, commença à pouvoir se suffire et en 1874, la France en arrivait à exporter des pâtes en Italie. Cette industrie se créait aussi à Lyon et dans d'autres villes où elle a vite prospéré. Sous le rapport de la semoulerie, les blés durs d'Algérie ne le cèdent en rien aux blés de Taganrog, d'Odessa, de Sicile et de Toscane, ils sont d'un bon rendement, fins, faciles à la mouture, se travaillant avec les mêmes avantages que ceux de la mer Noire et de la mer d'Azof, et, pour le goût on les reconnaît préférables à tout autre blé. Ils donnent facilement de 62 à 64 o/o de semoule, 22 à 24 de farine et 14 de son. Ils sont donc plus semouliers que les blés d'Auvergne et de Russie; ils sont p'us riches en gluten, leurs semoules et leurs pâtes se gonflent et se tiennent fermes à la cuisson.

Les farines de blés durs sont moins connues; la boulangerie française qui en pourrait faire une consommation considérable, ne les a pas encore adoptées. Cependant on sait que ces farines sont très riches en gluten et qu'elles donnent une plus grande quantité de pain que les farines de blés tendres. Mais on leur reproche d'être un peu jaunes, de demander au pétrissage un travail trop pénible, surtout d'être rondes et de rendre difficile le travail de l'absorption de l'eau. On reproche encore aux blés durs dans les minoteries métropolitaines d'être d'un nettoyage difficile, d'exiger une forte pression au broyage et au convertissage, de pulvériser leur enveloppe à cause de sa sécheresse et de se mal conserver en magasins humides.

Ces reproches ne sont pas fondés et procèdent

d'idées préconçues transmises dans la minoterie et la boulangerie, mais absolument erronées. Des minotiers qui ont travaillé des Bombay blancs et des blés rouges des Indes, des Atbaras glacés et extrêmement durs déclarent que, avec des précautions élémentaires, la mouture des blés durs se fait parfaitement ; avec les blés durs d'Algérie ils ont obtenu, par le lavage, le mouillage, le broyage méthodique en six pressages et le convertissage attentif, des farines très riches en gluten, contenant peu d'humidité, exemptes de piqûres, relativement blanches et très fines, qui absorbent facilement l'eau au pétrissage et donnent en une pain, un rendement supérieur de 6 à 8 o/o au rendement des farines de blés tendres.

Il y a lieu d'appeler sur ce point, l'attention des minoteries du nord de la France, des entrepreneurs de l'alimentation des prisons, de l'assistance publique, des sociétés coopératives qui trouveraient avantage à introduire les farines de blés durs dans leurs subsistances comme l'a fait l'Administration de la Guerre.

L'Algérie y trouverait une augmentation de ses exportations de blés durs qui se répercuterait en territoire indigène et ouvrirait aux fellahs musulmans un champ plus vaste et spécial à une culture qui est selon leur tradition et selon leurs mœurs.

Mode de culture des céréales en Algérie

Quand on connaît l'orographie si variée de l'Algérie qui divise la colonie en régions agricoles très différentes l'une de l'autre et douées de climats tout à fait dissemblables, quand on sait, d'autre part, que les races indigènes, arabes et kabyles ont conservé à peu près intactes leurs traditions séculaires et n'ont subi, au point de vue cultural, aucune assimilation sensible, on comprend que les façons de cultiver les céréales doivent être particulières aux régions agricoles et aux races indigènes.

C'est pourquoi nous consacrerons un chapitre spécial à la culture indigène et à la culture européenne, établissant dans chacune de ces divisions nécessaires les distinctions localisées dans les diverses zônes agricoles.

I. — Chez les Kabyles

Les Kabyles sont, parmi les indigènes, de remarquables agriculteurs, tant par tradition que par besoin. Enfermés longtemps dans leurs montagnes parce qu'ils résistaient aux envahisseurs, ils durent s'adonner avec ardeur au travail de la terre qui leur devint sacré, puisque fabriquer une charrue est pour eux une œuvre de piété et voler une charrue un affreux sacrilège. Ce sont des travailleurs solides qui ne manquent pas d'intelligence et qui sont d'un précieux secours aux époques des moissons quand ils émigrent dans les plaines et dans les contrées colonisées pour mettre leur main-d'œuvre à la disposition des fermiers européens,

Chez eux, le jour où commence les labours est une fête où dominent des idées de bienfaisance et les charrues ne commencent à ouvrir la terre qu'après certaines pratiques religieuses d'un caractère solennel.

Les labours se font presque exclusivement avec des bœufs. La charrue kabyle est un araire des plus simples et des plus primitifs. Le corps a la forme d'un compas formant un angle droit. La branche qui repose sur le sol et reçoit le soc en fer est plus longue que l'autre ; c'est « la langue ». A son extrémité sont fixées des oreilles en bois prolongeant le soc et faisant office de coin. L'autre branche se relève dans un plan verticale et est amincie à son extrémité pour donner prise facile à la main ; c'est le « manche ».

A ce corps ainsi bâti, la flèche est fixée par une cheville dans l'angle formé par les deux branches. Par l'extrémité elle repose sur le joug, faisant avec la langue un angle aigu dont l'ouverture varie suivant la taille des bœufs. Une planchette glissant dans des mortaises pratiquées dans la flèche et la langue et arrêtées par un coin de bois, maintient l'écartement au degré voulu.

La flèche est attachée au joug au moyen d'une courroie qui s'enroule autour de trois chevilles.

Le joug est une pièce de bois de 2 m. 20 environ de longueur ; il est posé sur le cou des bœufs, un peu en avant du garrot. A chacune de ses extrémités se trouve un collier formé de deux longues chevilles de bois entre lesquelles on fait entrer le cou du bœuf. Le bas des chevilles est relié par une corde de jonc ou en alfa.

On n'attelle jamais plus de deux bœufs à une charrue ; un homme armé d'un long aiguillon les conduit d'une main et de l'autre tient le manche de l'instrument. Une charrue kabyle vaut de 18 à 24 francs; les bois employés sont ceux du pays, le frêne, le chêne vert, le chêne à glands doux, le chêne-zéen, l'olivier sauvage. Le bois d'aune ert pour les jougs.

Dans la partie montagneuse les labours commencent dès les premières pluies ; de la sorte les bœufs peuvent encore être mis en bonne état de graisse et être vendus sur les marchés.

Les Kabyles pratiquent trois sortes de labours. Les labours d'automne, les plus nombreux, qui se font souvent en même temps que les semailles ; les labours d'hiver, le « sillon du milieu » ou labours plus tardifs donnés en deux fois, d'abord pour rompre le sol, ensuite pour semer ; ces façons sont souvent contrariées par les neiges et le mauvais temps ; enfin, le « dernier sillon » ou labours du printemps pour les terrains qui n'ont pas pu recevoir les labours précédents.

La charrue est suivie d'hommes armés de pioches pour briser les mottes, enlever les pierres et atteindre les parties du sol que la charrue n'a pas pu ouvrir.

Dans les terrains accidentés, très nombreux en Kabylie, le travail se fait tout à la pioche et il est peu de coins qui ne reçoivent ainsi une façon culturale en vue d'une utilisation de céréales, d'orges, de fèves, etc.

L'importance des cultures s'évalue au temps employé

à labourer avec une paire de bœufs et le jour de labour s'étend depuis le lever jusqu'au coucher du soleil.

Les Kabyles des montagnes connaissent l'importance des engrais et ce sont les femmes qui les transportent dans les champs au moyen de hottes qu'elles mettent sur leur dos.

Les blés alternent généralement avec les orges. Le rendement ne donne guère plus de cinq fois la semence.

Dans les plaines, les Kabyles ne comptent que deux périodes de labours ; la première commence avec les pluies pour finir avec le mois de janvier ; la seconde va de fin janvier au milieu de mars.

Dans la première saison on fait un labour et on sème. Si les pluies n'ont pas été suffisantes, on brise le sol et on recommence à labourer une deuxième fois en semant.

Dans la seconde saison on donne deux façons ; souvent la sècheresse prématurée les rend inutiles.

Sauf dans les terres argileuses, le blé se sème en terre humide.

Dans les plaines, la surface s'évalue en prenant pour unité ce qu'on peut labourer avec une paire de bœufs pendant une campagne, de 8 à 10 hectares.

Souvent le blé est mélangé avec l'orge et même les fèves, parce que le cultivateur kabyle ne travaille qu'en vue de l'alimentation de sa famille et qu'il cherche à se ménager ainsi les chances de bonne récolte au moins pour quelque variété de grains semés ; c'est aussi parce que le blé donne peu, cinq pour un, tandis que l'orge donne huit et dix et les *sorgho* jusqu'à quarante pour un, si les pluies du printemps sont venues à temps.

Dans les bonnes terres, les Kabyles sèment, par paires de bœufs, 32 doubles décalitres de blé, 32 d'orge, 16 de fèves et de fèves mélangées d'orges, 16 de blé et d'orge mélangés.

Les Kabyles, dans les plaines comme dans les montagnes, pratiquent le sarclage soit avec une petite pioche, soit à la main ; ils embauchent au besoin les pauvres et les femmes pour ce travail qu'ils considèrent comme le plus important de la culture.

La moisson se fait un peu avant que les blés soient secs, pour éviter les déprédations des fourmis, des moineaux et la chute des grains.

Dans la montagne, le blé est arraché à la main ; dans les plaines il est coupé à la faucille et la majeure partie de la paille reste sur pied comme engrais. Les épis sont réunis d'abord en javelles, puis en gerbes, enfin en bottes de quatre gerbes, les gerbes sont portées sur les aires et dépiquées sous les pas des mulets ou des bœufs.

Quand ce travail est fini, on mesure au double décalitre et si le propriétaire a loué un coreligionnaire comme fermier au cinquième (kammès), c'est à ce moment et sur l'aire qu'a lieu le partage, déduction faite du montant des avances.

Les Kabyles n'usent pas de silo. Ils emmagasinent les grains dans des coufis, grandes jarres de poterie crue construites par les femmes. Les pailles sont gardées en meules ou dans des huttes rondes.

La culture des blés n'occupe pas une grande place en Kabylie, pays où la propriété est morcelée à l'infini,

II. — Chez les Arabes

Si les Kabyles, enfermés dans leurs montagnes, ne peuvent se livrer à la culture des céréales sur de grandes étendues, il n'en est pas de même pour les Arabes qui possèdent, dans le Tell et dans les Hauts-Plateaux, de vastes espaces où blés et orges occupent la terre tous les ans, et où ces cultures sont, comme nous l'avons démontré, une grande nécessité.

Les procédés de culture, par contre, sont sensiblement les mêmes, empreints d'une routine aveugle, mêlée de beaucoup de fatalisme et d'une ignorance absolue des lois qui régissent la production d'une moisson quelconque.

En général, quand on essaie d'expliquer à un Arabe les avantages qu'il pourrait avoir à transformer des procédés rudimentaires et qui sont insuffisants quatre années sur cinq à lui donner les ressources pour vivre et nourrir sa famille, quand on lui demande pourquoi il ne suit pas l'exemple des colons européens, pourquoi il n'adopte pas leur façon de labourer, de semer, de moissonner, l'Arabe répond avec un flegme tranquille : « Qu'est-ce que tu veux ! mon père faisait comme ça ! mon grand-père faisait comme ça, moi je ferai comme eux. »

Si on se récrie et on insiste, il coupe court à toute nouvelle considération en vous disant : « A quoi bon ! ce qui est écrit est écrit ».

C'est, d'ailleurs, par cette formule religieuse que, en bon musulman, l'Arabe s'incline devant les fléaux qui s'abattent sur ses maigres cultures. Les sauterelles, la sècheresse, le siroco, les orages d'été, les maladies, tout cela est écrit, et comme il n'y peut rien, il se contente de subir le destin.

On comprend dès lors combien il est difficile d'introduire dans ce peuple, volontairement fermé au progrès, toute modification de mœurs ou d'état et on ne s'étonnera pas si après soixante-dix ans de contact les indigènes n'ont encore rien emprunté aux Européens pour améliorer leur façon de cultiver.

Quelques exceptions, cependant, doivent être signalées : dans la région de Sétif, dans le Tell oranais et dans les grandes plaines on trouve quelques chefs indigènes qui ont osé déroger à l'ancienne coutume ; chez ces novateurs, malheureusement trop rares et peu suivis, nous avons rencontré des charrues françaises, des *Brabants, des Scarificateurs*, et nous avons parcouru des champs de céréales admirablement cultivés, aussi bien en tout cas qu'on le peut sous nos latitudes et dans notre situation économique.

En principe la charrue arabe est l'instrument le plus simple que l'on puisse imaginer ; c'est l'araire primitif des patriarches bibliques, fabriqué par le cultivateur lui-même avec les bois de la forêt voisine. Elle se compose d'un mancheron s'allongeant en un porte-soc, lequel est armé d'une simple pièce de fer qui est censée détacher la terre dans un plan horizontal.

Le porte-soc est traversé par une cheville droite, faisant comme elle peut l'office de versoir. Au porte-soc s'adapte, par un champignon, une vis ou une simple cheville, la flèche que traverse une pièce allant rejoindre le soc et consolidée par une cheville à sa traversée de la flèche. Au bout de cette dernière se trouvent des chevilles qui servent à retenir la courroie

qui fixe le joug à l'age et, en avançant ou reculant ces
chevilles sur la flèche, on obtient plus ou moins
d'entrée de la charrue.

Si l'Arabe attelle un bœuf, la flèche est plus longue
et plus élevée, parce qu'il passe le joug au cou de l'animal ; s'il attelle un cheval ou un mulet, la flèche est
plus courte et le joug passe sous le ventre de la bête.

C'est avec un appareil si rudimentaire que l'Arabe
fait ses labours, y attachant les animaux dont il dispose, depuis l'âne et le cheval jusqu'au chameau.
Aussi comprend-on facilement la pauvreté du travail
effectué.

Sans doute, l'araire arabe est léger, se prête à mer-
veille à la culture des terrains accidentés, irréguliers,
qui n'ont pas été complètement débroussaillés ni dé-
foncés. L'instrument est souple ; avec lui le laboureur
adroit contourne les touffes de lentisque, de jujubier
et les plantes de palmiers nains qui parsèment son
champ ; une grosse pierre est-elle rencontrée qu'elle est
vite tournée. Mais il faut bien reconnaître que le petit
grattage superficiel dont il est capable n'est pas fait
pour apporter à la terre la fécondité de l'aération, de
la pénétration profonde des pluies et des autres avantages physiques et chimiques de nos labours.

Cependant, il ne faudrait pas exagérer le ton de
reproche dont on se sert souvent à l'égard des Arabes
relativement à leur mode de culture. Chez lui l'objectif
unique est de ne pas mourir de faim et de produire
ce qui lui est nécessaire en dépensant le moins possible. Vivant dans un pays où les intempéries du climat
produisent souvent des désastres, l'indigène ne peut
pas risquer de grosses dépenses en vue de récoltes

aléatoires ; il réduit donc ces dépenses au minimum, se contentant d'ensemencer autant qu'il le peut, aspirant seulement à obtenir de quoi arriver d'une campagne à l'autre, heureux si un petit supplément de grain peut être transformé en argent qui sera employé à des vêtements, à un cheval ou à une nouvelle femme.

Donc, sa charrue est primitive ; il la conservera indéfiniment, réparant lui-même, attachant les pièces si l'usure les démolit avec des cordes de palmier, des chiffons, des crins d'alfa ou des vieux paillassons.

Donc, il réduit ses dépenses, se hâtant de remuer la terre à la surface dès que les pluies ont détrempé la croûte supérieure, y jetant la semence qu'il ne prend même pas la peine de trier et attendant ensuite la volonté d'Allah.

L'année précédente, la terre était restée en jachère et les bestiaux y avaient trouvé un aliment souvent suffisant ; le pâturage avait réduit les plantes adventices et les déjections des animaux y avaient apporté une petite dose d'engrais organiques. Ce simple assolement biennal, observé parce qu'il est traditionnel, est la loi générale des cultures arabes, loi illogique qui néglige les principes de la restitution et conduit à des rendements de ruine. Car la moisson venue sera enlevée, les chaumes seront pâturés, le champ incinéré à l'automne et laissé en jachère et ce roulement s'éternisera sur la même terre, réduisant à leur plus simple expression les ressources nutritives du sol. Toute la méthode agricole de l'Arabe semble reposer sur cette pensée que c'est la pluie seule qui fait la récolte, qu'il est donc inutile de dépenser des forces, du temps et de l'argent pour défoncer la terre, acheter des

semences chères et travailler profondément le sol. Si
l'année est mauvaise, il perdra sa semence et voilà
tout, tandis que le roumi du voisinage aura immobilisé
des équipages, payé très cher ses labours et ne sera
pas plus avancé.

Si nous examinons la question d'encore plus près,
nous devons constater que l'Indigène est en quelque
sorte l'esclave de cette méthode. S'il défonçait sa terre,
s'il la labourait plus profondément, il mettrait en
action les ressources fertilisantes du sous-sol ; mais il
aurait vite fait, au prix de quelques bonnes récoltes,
d'épuiser complètement ces ressources et comme la
production du fumier n'existe pas chez lui, l'appau-
vrissement du sol serait encore plus complet et de
conséquences plus graves. D'autre part, partout où le
terrain est encore en propriété collective, une culture
devenue plus intensive détruirait à tout jamais les
végétations spontanées des terrains de parcours indis-
pensables à ces grandes tribus de pasteurs.

Disons aussi que l'Arabe, en territoire de terres
collectives, ne s'attache pas à la terre, ne sachant pas si
elle deviendra sienne ; tandis que quand l'établissement
de la propriété individuelle lui a attribué un lopin, il
lui arrive de secouer son indolence insouciante et de
se livrer à des travaux plus appropriés à une culture
profitable.

Pour ces divers motifs, ce ne sera qu'avec une
extrême prudence qu'il faudra envisager le problème
de l'amélioration des procédés culturaux des Indigènes,
afin de ne pas apporter brusquement trop de trouble
dans leur situation économique et, par suite, dans leur
état social.

Le Gouvernement général de l'Algérie a abordé ce problème et a mis au concours, en 1898, un type de charrue qui tiendrait de la charrue arabe par sa simplicité, son bon marché et les matériaux composants, tout en tendant à une ressemblance avec les charrues françaises par une puissance pénétrante plus grande et une efficacité plus sûre. Une première épreuve ne donna pas de résultats bien probants, malgré le nombre considérable de concurrents. Une nouvelle épreuve aura lieu en 1901.

Les Arabes cultivent les blés durs de préférence aux blés tendres, ainsi que le montre le tableau I. Cela tient à ce que les blés durs, mieux appropriés au climat et au sol, résistent mieux aux maladies (rouille, échaudage, verse), qu'ils se tiennent plus longtemps sur l'épi sans s'égrener si la moisson était retardée ; de plus, cela tient beaucoup à ce qu'ils entrent pour une très large part dans l'alimentation des population indigènes.

Les Arabes sèment dès que leurs charrues peuvent entrer dans les terres, sans s'inquiéter si la préparation est ou n'est pas suffisante.

Un laboureur indigène sème de 20 à 30 ares par jour d'une attelée qui dure sept heures ; la surface ensemencée est évaluée par charrue, c'est-à-dire par la surface qu'un homme et deux bœufs peuvent labourer en une saison, soit de 10 à 12 hectares. Le labour ainsi pratiqué enterre la graine à une profondeur de 8 à 10 centimètres.

Les Arabes, en général, ne pratiquent pas le sarclage, ne suivant pas en cela l'exemple des Kabyles.

Une fois le grain semé, ils s'en remettent à la bonne volonté d'Allah.

Le *fellah* moissonne lui-même à la faucille, laissant presque toute la paille et procédant comme nous l'avons montré pour la culture kabyle.

Le riche indigène a des *khammès*. Ce sont des ouvriers indigènes pratiquant le colonage, travaillant sur une terre pour être payés par le cinquième de la récolte. Le khammès s'installe sur la terre, reçoit une paire de bœufs qu'il doit soigner et garder jusqu'à la fin des moissons; il laboure, il sème, il moissonne, fait les meules et les recouvre. Quand la moisson a été dépiquée au rouleau ou par les animaux, le grain est mesuré et le khammès reçoit sa part, déduction faite des avances toujours nombreuses qu'il a reçues.

Les indigènes, quand ils ne sont pas pressés de vendre, mettent les grains en silo ou dans des couffins faits en palmier nain où le blé et l'orge se conservent parfaitement.

Après le 20 septembre ils brûlent les chaumes qui sont laissés très hauts, de sorte que beaucoup d'insectes et beaucoup de plantes nuisibles, en ce moment en graines, sont la proie du feu qui rend en même temps à la terre une mince parcelle d'engrais.

On calcule ainsi qu'il suit le rendement de blé d'une culture indigène :

Rente du sol............	10
Labour.................	15
Semences...............	20
Moisson................	20
Battage................	8
Frais divers...........	5
Total...............	78

En supposant que la terre aura donné cinq pour un, ce qui en terre indigène est relativement heureux, le produit sera de 5 quintaux mét. × 20 = 100 francs.

Là-dessus l'indigène aura à payer l'impôt *Achour*, représentant le sixième du rendement de la récolte ; par contre il aura un peu de paille.

Le bénéfice, par hectare, se réduira donc à 25 ou 30 francs qui sera relativement une bonne recette, malheureusement très rarement obtenue. Nous comptons la semence à 20 francs ; mais ce prix n'est exact que si l'indigène n'a pas dû acheter à un usurier qui lui fera crédit, mais lui prendra deux, si ce n'est trois sacs de blé à la moisson.

Quand les indigènes obtiennent un rendement de 6 à 8 hectolitres à l'hectare, ils se disent parfaitement satisfaits. Malheureusement les années de sécheresse créent chez eux de véritables désastres, tandis qu'il suffit d'une année de pluies abondantes pour les relever.

Quelques exemples typiques sont dans la mémoire de tous les Algériens.

En 1856 : Sécheresse. Récolte nulle.
1857 : Pluies abondantes. Récoltes magnifiques.
1866 : Sécheresse extrême. Pas de végétation.
1867 : Famine générale.
1868 : Pluies. Récolte considérable.
1881 : Sécheresse excessive. Pas de récolte. Misère.
1882 : Pluies. Belles récoltes.

Les diverses indications qui précèdent montrent la façon exacte dont il faut apprécier la culture des céréales chez les indigènes.

Cette culture suffit à peine à leurs besoins, en raison

de la trop grande fréquence des années sèches ; elle est imparfaite et encore routinière ; mais elle est nécessaire à leur alimentation, conforme à leur situation économique.

Est-elle perfectible ? Assurément ; les indigènes en viendront par une évolution, qui sera très lente, à modifier leurs vieilles pratiques ; leurs charrues de bois s'armeront de pièces plus solides qui fouilleront davantage le sol ; ils emploieront des semences plus choisies, peut-être même finiront-ils par comprendre la nécessité du fumier qu'ils vendent aujourd'hui avec empressement. Quand tous ces résultats seront acquis, les rendements de leurs champs pourront être augmentés et la production de l'Algérie se trouvera à la tête d'excédents considérables pour l'exportation. Il faudra alors se préoccuper de nouveaux débouchés, à moins que, comme nous l'avons indiqué et comme tout porte à le croire, la population indigène, qui offre à la production un débouché essentiel, ne continue à s'accroître et n'assure ainsi la consommation des céréales produites.

III. — Chez les Européens

Pour présenter à nos lecteurs un tableau complet de la culture des blés chez nos colons européens, nous serons obligé d'établir certaines distinctions assez caractéristiques qui se sont créées entre les diverses régions où cette culture est pratiqué sur une grande échelle.

Nous avons déjà indiqué plus haut l'importance économique des céréales dans l'agriculture algérienne et nous avons montré comment et pourquoi elles occupent encore la première place dans la mise en valeur du sol par les colons (31,18 0/0 des surfaces cultivées) (1).

, Nous allons parcourir rapidement le cycle des cultures tel qu'il est pratiqué en Algérie et nous prendrons comme types quatre régions.

1° *La Mitidja*, type d'une région de plaines, du climat marin, qui reçoit de 700 à 800 ᵐ/ᵐ de pluie tous les ans, aux terres fertiles, où la colonisation a atteint l'expression la plus avancée de son développement, où la valeur du sol est élevée, la main-d'œuvre abondante et l'outillage agricole très perfectionné.

2° *Le Cheliff*, type d'une région de plaines où la sécheresse sévit très cruellement, aux terres fertiles si l'année est pluvieuse ou le sol irrigué, qui ne reçoit pas plus de 400 ᵐ.ᵐ de pluie en moyenne, où la colonisation est moins avancée et l'état de la culture prend forcément la forme extensive.

3° *La région de Sétif*, type de la région des Hauts-Plateaux, au climat plus rigoureux, pays céréalifère par essence et par nécessité économique, recevant une moyenne de 450 ᵐ/ᵐ de pluie.

4° *La région de Sidi-bel-Abbès*, qui se distingue par une culture plus soignée, un assolement rationnel, des préparations culturales bien comprises, recevant de 450 à 500 ᵐ/ᵐ de pluie.

.˙.

C'est quatre régions ont ceci de commun, c'est qu'elles sont situées dans la zône qui, d'après l'expérience acquise, reçoit assez de pluie pour la culture des

---

(1) En France les céréales occupent les 28,56 0/0 des terres labourables.

céréales ; mais elles y sont dans des conditions très différentes.

Il est admis généralement que pour qu'une contrée algérienne se prête à cette culture, il faut qu'elle reçoive de 400 à 600 $^m|^m$ de pluie par an.

Au-dessus de 600 $^m|^m$ il est à craindre, si cette pluie ne se répartit pas sur des périodes espacées et alternant avec des périodes de beau temps, que l'excès d'humidité en résultant nuise aux emblavures produisant la rouille et la pourriture, surtout comme c'est le cas pour la Mitidja quand les terres ont une dominante argileuse.

Au-dessous de 400 $^m|^m$, à moins que les terres soient légères et que l'orographie du lieu amène une bonne répartition des pluies, la culture des céréales est aléatoire. C'est pourquoi la vallée du Cheliff, dont les principales stations accusent des moyennes entre 404 et 490 $^m|^m$, par conséquent très près de la limite inférieure, se trouve souvent privée de récolte, d'autant que les pluies y cessent de très bonne heure et que les températures y atteignent souvent des maxima très élevés.

L'examen des cultures des céréales dans ces quatre régions prises comme exemple et présentant par leur altitude et leur climatologie des types très caractérisés et bien dissemblables entre eux, donnera, pensons-nous, une idée précise de ce qu'est et aussi de ce que pourront être la production céréalifère en Algérie.

Avant d'entrer dans le détail de cette revue, nous devons dire quelques mots des variétés cultivées en Algérie.

Il y a d'abord la première division en blés tendres et blés durs ; tous sont des blés d'automne, c'est-à-dire qu'ils sont semés à la fin de l'automne ou au commencement de l'hiver.

Les chiffres que nous avons donnés précédemment montrent que les blés tendres ont en général la préférence des colons européens et que les blés durs sont inversement plus cultivés par les indigènes. Nous en avons déjà donné les raisons.

Blés tendres

Les blés tendres sont ceux dont le grain, facile à rompre sous l'ongle ou sous la dent, a une cassure blanche d'aspect farineux. L'intérieur est garni de farine riche en amidon ; la tige est creuse et l'épi tantôt barbu, tantôt sans barbes. Ces blés sont cultivés dans les pays septentrionaux ; cependant, en Algérie, ils viennent bien, pèsent de 76 à 80 kilogs l'hectolitre.

Nous cultivons principalement :

1° *La tuzelle* ou blé d'hiver commun, à épi jaunâtre, pyramidal et long. Cette tuzelle a une variété, la tuzelle de Provence, que nous appelons aussi tuzelle de Bel-Abbès, qui est la plus recherchée pour la qualité de son grain et son appropriation heureuse à notre climat ;

2° *Le blé de Mahon*, qui est une variété à barbes parfaitement acclimatée et qui réussit très bien avec nos printemps secs, dans la Mitidja notamment ;

3° *La tuzelle rousse de Provence* ou blé d'Odessa, très résistante dans les terres sèches ;

4° *Le séiselles de Provence*, en faveur à cause de leur résistance aux vents ;

5° *Les poulards du Roussillon*, d'une valeur inférieure aux précédents, mais qui sont très rustiques,
tallent beaucoup et sont abondants en paille.

Depuis quelques années le Service botanique du
Gouvernement Général s'est appliqué à introduire des
variétés de blés, et parmi les blés tendres recommande
particulièrement des Richelles qui auraient donné de
bons résultats quant au rendement dans le Cheliff,
dans la Mitidja, dans la région de Douéra : ce sont la
Richelle blanche et la *Richelle n° 2* et le *Rieti*. Ces
variétés sont données comme résistant bien à la rouille
et comme produisant des rendements de 17 à 18 quintaux à l'hectare. Si l'expérience en grande culture
confirmait ces résultats, la culture de ces variétés s'im-
poserait en Algérie. Mais il faut reconnaître que les
variétés à grands rendements ne supportent pas les
premières chaleurs et sèchent sans donner de grains,
après avoir pris un très beau développement.

En attendant nous pouvons dire que les variétés ci-
dessus énumérées ont fait leurs preuves, qu'elles
donnent des produits très estimés de la minoterie ainsi
que nous l'avons démontré au chapitre précédent, et
que en conservant dans leur pureté ces variétés parfaitement acclimatées, en sélectionnant les semences et
en améliorant les procédés culturaux, on peut obtenir
des rendements très satisfaisants.

Un grave reproche, cependant, est fait par les agriculteurs aux blés tendres et qui les détermine, dans
certaines régions, à abandonner ces variétés pour en
revenir aux blés durs. C'est que les blés se *maladi-
nent*, c'est-à-dire qu'ils subissent une transformation

qui tend à les ramener à l'état de blés durs. On croit que cette modification est l'effet d'une hybridation : du pollen de blés durs serait transporté par les vents sur les étamines des blés tendres et aurait pour effet de donner au grain une demi-dureté et une apparence glacée qui le déprécient aux yeux des acheteurs. D'autres pensent que l'hybridation n'aurait rien à voir dans ce phénomène et qu'il faudrait plutôt en rechercher la cause dans la nature des terrains et dans leur exposition.

Quoiqu'il en soit, le renouvellement des semences et leur choix attentif permettent d'obvier à cet inconvénient et de maintenir aux blés tendres leurs qualités essentielles de blés de minoterie à farine plate et lisse toujours recherchées.

Blés durs

Les blés durs sont ceux dont le grain d'aspect vitreux allongé se casse net sous la dent, dont la farine est très riche en gluten et semble faire corps avec l'écorce, dont l'épi toujours barbu s'égrène difficilement.

Ces variétés résistent assez bien aux attaques des fourmis et des oiseaux, à l'influence des brouillards et du siroco ; elles sont moins sujettes à la verse, à la rouille et à l'échaudage. Leur paille est pleine.

Celles que nous cultivons en Algérie pèsent de 78 à 80 kilogs l'hectolitre avec cette particularité que le poids de l'hectolitre diminue à mesure qu'on s'éloigne du littoral vers le Sud.

Les blés durs étaient cultivés avant la conquête sous le nom général de *blés de Barbarie*, et les indigènes ne distinguaient que des variétés de plaine, de montagne ou des variétés de longueur de forme. Il en est résulté un grand nombre de variétés assez mal définies.

Les colons connaissent le *blé blanc de Médéah*, une des variétés qui a les aptitudes les plus remarquables pour la semoulerie ; le *blé blanc de Guelma* ; le *blé blanc du Chéliff*; le *dur de montagne à barbe rousse* ; le *dur carré à grains roux et à barbes noirâtres*.

Les indigènes connaissent et différencient certaines variétés qui méritent d'être connues.

Nous citerons :

1º *Le Mahmoudi*, blés de terrains irrigués et de côteaux ; grains gros, ovales, clairs et d'aspect franchement corné ; paille grossière, épi gros, long, assez serré, à section presque carrée, les glumes sont blanches et les barbes noires. C'est un des meilleurs semouliers que nous ayons.

2º *Le Mohamed-ben-Bachir*, blé de terrains irrégués et de sols argilo-calcaires ; grains longs, bien nourris, très clairs ; paille grossière, épi à section rectangulaire.

3º *Le Tounsi*, blé rustique de terrains secs ; grains longs, bien pleins, très serré ; paille plus fine et tige plus longue ; épi gros et court, aplati ; glume d'un rouge violacé, barbes noirâtres. Excellent blé de farine. A la Station Botanique ce blé a donné jusqu'à 28 quintaux à l'hectare.

4º *Le Hadjel*, blés moins estimé mais excellent en mélange avec les autres à cause de sa farine plus blanche ; grain rond, court, rouge, souvent mitadiné ; glumes et barbes blanches; tiges garnies de feuilles comme l'orge;

5° *Le Hebda* est un semoulier très intéressant;

6° *Le Kahla* est un blé à grain foncé, très lourd, qui convient pour la farine; il est rustique et convient ainsi que les deux précédents aux côteaux peu fertiles. Dans l'Aurès on trouve en plus le *Nab-el-bel* (dent de chameau), le *Medeba* et le *Terdouni* qui sont d'excellent semouliers et se comportent bien à des altitudes au-dessus de la moyenne.

La Station Botanique et quelques expérimentateurs ont mis à l'essai des variétés de blés durs nouvelles dont la tenue en Algérie n'est pas encore suffisamment vérifiée; nous citerons parmi celles qui donnent quelques espérances: le *blé dur Pélissier*, le *Xérès*, le *Volo*, originaire de Grèce, le *dur d'Italie*, le *dur du Maroc*, le *Belotourka* et quelques variétés indigènes provenant de sélections récentes.

Les blés durs d'Algérie sont insuffisamment connus en France où ils ne trouvent qu'un marché très restreint comparativement au marché local créé par la consommation familiale des indigènes. Cette défaveur que rien ne justifie comme nous l'avons démontré en exposant la valeur industrielle des blés d'Algérie, est d'autant plus regrettable que les blés durs sont les mieux acclimatés, peu sujets à la verse et à la rouille (deux fléaux des blés en Algérie), résistent au siroco, ne s'égrènent pas et ont des qualités de végétation précieuses pour un pays à printemps sans pluie.

§ 1. — Culture des blés dans la Mitidja

La Mitidja, nous l'avons dit plus haut, est une région relativement favorisée pour la culture des céréales. Les terres y sont des alluvions assez profondes à base argileuse, assez riches en humus.

La tranche de pluie annuelle y est assez élevée ; si nous prenons Boufarik qui est au centre de la Mitidja occidentale, la moyenne annuelle est de 775 $^m{^l}{^m}$ 738, soit 775 $^m{^l}{^m}$ 378 d'eau par mètre carré. Ce que nous avons expliqué précédemment de l'aire de culture des céréales montre que la Mitidja doit, cependant, se trouver pendant les années pluvieuses dans des conditions plutôt défavorables ; en effet, la rouille, la verse et l'échaudage interviennent souvent pour diminuer l'importance des céréales.

Par contre, la colonisation y est très avancée ; la culture de la vigne a mis les colons dans une aisance relative et les a habitués à une culture intensive qu'ils ont peu à peu appliquée aux céréales. La terre, qui a une valeur très élevée, de 0 à 700 francs l'hectare, est soigneusement et rationnellement cultivée ; la machinerie agricole la plus perfectionnée est mise en œuvre, depuis le treuil à défoncement jusqu'à la moissonneuse lieuse et la batteuse à vapeur.

Ce que nous disons de la culture des céréales dans cette contrée pourra donc être considéré comme s'appliquant à une région de travail et de progrès des plus prospères de l'Algérie.

Dans la Mitidja, comme d'ailleurs dans toute la colonie, le point de départ de tous les travaux des champs est sous la dépendance de l'époque à laquelle tombent les pluies. L'été est long et très chaud ; la terre s'est longuement durcifiée et il faut des pluies assez importantes pour permettre aux charrues de disloquer la croûte recuite et de remuer convenablement le sol.

Les pluies ne commencent qu'au mois d'octobre et le moment n'est favorable pour les semailles, ordinairement, qu'après la Toussaint. D'autre part, les semailles doivent être finies au 1er janvier, de sorte qu'il reste à peine quarante-cinq jours, dont il faut déduire les jours de mauvais temps, pour effectuer les semailles convenablement.

Si les pluies commencent de bonne heure, les semailles se feront dans de bonnes conditions et pourvu que le printemps ne soit pas trop sec, la récolte pourra être bonne. Mais si les pluies tardent à venir, ou si elles viennent brusquement en trop grande abondance, les labours ne peuvent pas se pratiquer à temps et la récolte devient plus aléatoire.

L'état de la terre en fin d'été peut donc avoir une grande importance sur l'époque des semailles et par suite sur le résultat final de la culture.

C'est pour cela que l'usage des labours préparatoires se généralise dans la Mitidja.

Il y a quelques années ce procédé n'était pas pratiqué. Les colons avaient adopté des assolements assez différents. Certains avaient choisi d'abord un assolement quinquenal.

1re Année : Fumure 86 tonnes à l'hectare. Vesces et fèves pour terre sèche. Vesces suivies de maïs pour terre irriguée.

2e Année : Blé dur.

3ᵉ Année : Jachère fauchée et pâturée.

4ᵉ Année : Blé tendre.

5ᵉ Année : Avoine.

Ces assolements furent abandonnés parce que la fumure était trop forte et amenait la verse régulièrement ; il fut réduit à un assolement triennal ainsi ordonné :

1ʳᵉ Année : Comme ci-dessus.

2ᵉ Année : Céréales blé ou avoine ⎫

3ᵉ Année : Céréales avoine ou blé ⎭ suivant les cours.

Cet assolement triennal est très en usage dans la Mitidja. On lui donne cependant des variantes. Par exemple :

1ʳᵉ Année : Moutarde suivie de fourrage spontané ou de maïs à l'irrigation.

2ᵉ Année : Blé dur ou tendre.

3ᵉ Année : Lin, orge ou avoine.

Chez les indigènes l'assolement est biennal ; c'est le type le plus primitif :

1ʳᵉ Année : Céréale.

2ᵉ Année : Jachère fourragère.

En raison des puissantes végétations spontanées que donnent nos terres, ce mode a sa raison d'être. Mais il ne convient pas à la culture européenne qui cherche des rendements élevés. On tend à la substituer depuis quelque temps l'assolement dit de Bel-Abbès :

1ʳᵉ Année : Jachère cultivée.

2ᵉ Année : Céréales.

Ce mode a des avantages considérables. Car, donner un labour à la terre qui doit rester en repos pendant l'hiver après la terminaison des emblavures, un deuxième labour en mars, un troisième en été plus superficiel, constitue la meilleure des préparations au quatrième labour qui sert à enterrer les semences. La terre est aérée, nitrifiée et son aptitude à s'imprégner des moindres pluies est plus grande.

Mais ce mode a, pour certains coins de la Mitidja, le défaut de ne donner une récolte que tous les deux ans, ce qui est insignifiant pour des terres d'une valeur élevée.

Quel que soit l'assolement adopté, les semailles commencent dès que les pluies ont permis la préparation des terres. Les labours sont menés vivement ; quelquefois les pluies viennent si tard qu'une seule façon a été possible. Les appareils employés sont ceux des fermes de France. On sème généralement à la volée, en employant 120 litres, c'est-à-dire 100 kilogs de blé dur ou tendre à l'hectare, cette quantité augmentant si on sème sur labour et à la herse et si la terre est épuisée. L'indigène, qui ne herse pas, sème jusqu'à 180 kilogs.

Nous sommes obligés de semer plus qu'en France, parce que nos blés ne tallent pas, ne subissant pas les repos de l'hiver et se trouvant tout de suite et constamment en végétation, parce que les herbes adventrices ont besoin d'être étouffées et parce que les fourmis, les moineaux et les campagnols prélèvent une dîme d'autant plus forte que le grain est enterré superficiellement.

Dans la Mitidja les blés reçoivent un hersage au printemps ou un roulage qui donnent toujours d'excellents résultats.

La moisson des céréales se fait de fin mai à fin juin. Ce sont les orges et les avoines qui mûrissent d'abord ; la moisson des blés commence en juin et est généralement terminée le 15 juillet. Les blés tendres sont coupés les premiers ; les durs peuvent attendre plus facilement parce qu'ils ne s'égrènent pas autant avec les chaleurs et que les fourmis les respectent un peu plus.

La moisson se fait à la faucille et à la faulx quand on emploie la main-d'œuvre indigène ; mais les moissonneuses mécaniques sont très répandues dans la Mitidja, ainsi que les batteuses à vapeur. Des entrepreneurs se chargent de ce dernier travail à forfait, pour un 1 franc l'orge et 1 fr. 25 le blé ; le battage au rouleau revient à 1 franc environ, grain en magasin et paille emmeulée ; mais pour les grandes exploitations, l'opération est trop longue.

Dans la Mitidja orientale, dans la contrée de Rouïba, les bonnes années donnent de 10 à 12 quintaux à hectare, les blés durs produisent moins que les blés tendres ; dans la généralité de la région, les années moyennes donnent de 8 à 10 quintaux ; le poids de la paille atteint de 1 à 3 fois le poids du grain suivant l'humidité de l'année.

Voici maintenant un compte de culture de blé :

Rente de la terre............	60 fr.
Labours...................	30
Semences, 100 kilogs........	20
Semailles, hersage..........	10
Moisson..................	25
Battage..................	25
Frais généraux............	20
Total.........	190 fr.

Cette culture a rapporté :

10 quintaux de blé à 20 fr.....	200 fr.	
20 — de paille à 2 fr....	40	
	Total........	240 fr.

L'hectare a rapporté 50 francs net.

M. Ch. Rivière et M. Lecq, dans leur *Manuel de l'agriculteur algérien* récemment paru, donnent, pour une ferme de la Mitidja, le compte suivant :

Loyer de la terre...........	40	»
3 journées de laboureurs................	9	»
3 journées de conducteurs	4	50
18 journées de bœufs (6 par charrues).....	18	»
Semences 90 kilogs à 23 fr...............	20	70
Moisson.........	25	»
Battage au rouleau et transport à Alger (1 fr. 50 le quintal).....................	12	»
Total...........	129	20

Recettes

8 quintaux à 22 fr...............	176		200 »
16 — de paille 1 fr. 50......	24		
Le bénéfice par hectare sera de...........			70 80

Nous conclurons que dans la Mitidja la culture d'un hectare de blé coûte de 150 à 200 francs par an, que le blé revient de 15 à 18 francs et que le bénéfice, pour les années où il n'y pas de désastres, est assez important et, d'ailleurs, susceptibles d'améliorations sérieuses.

En 1899, les blés expérimentés à la Station Botanique ont donné les résultats suivants :

BLÉS EXPÉRIMENTÉS	GRAINS (Kilogs)	PAILLE (Quintaux métriques)
Richelle n° 2.................	413	24
Richelle n° 1.................	560	48
Tendre, hybride 222..........	330	26
Tendre de Mahon.............	200	28
Tendre, hybride 117..........	200	28
Rieti........................	584	28
Syrie tendre.................	1810	84
Xérès.......................	2,080	43
Wobel-el-bel................	1,400	50
Adjini......................	1,200	46
Makaoui....................	1,000	58
Kabyle sélection............	1,000	55
Orizi.......................	960	48
Merouani...................	800	32
Hanira M'saken.............	700	46
Aroubia...................	500	17

Les blés tendres se sont montrés notamment très sensibles à la rouille. C'est un des points faibles de la culture des céréales dans la Mitidja et qui, joint à la sécheresse, réduit souvent les rendements à des chiffres excessivement bas et sans profit pour l'agriculteur.

§ II. — Culture des blés dans le Cheliff

La vallée du Cheliff se trouve dans la région des céréales, mais presque sur la limite inférieure de cette région. En effet, la moyenne des pluies tombées s'établit, sur une période de quinze années, entre 404 et 490 m/m.

Orléansville, qui occupe à peu près le centre géographique de cette vaste région, reçoit 442 m/m par an. Or, nous avons indiqué précédemment que la culture des céréales en Algérie pouvait se circonscrire aux régions où il tombe de 400 à 600 m/m. C'est dire que les conditions réellement favorables à une culture rémunératrice des céréales seraient assez rarement obtenues dans cette plaine, type très accusé d'une région algérienne de sécheresse et de disette, privé d'arbres, de nature argileuse au Nord et rocheuse-sélecteuse au Sud.

Cette plaine constituée par des alluvions serait très fertile si la configuration orographique et le régime dominant des vents ne provoquaient la fuite des nuages vers les massifs montagneux où ils arrivent, après avoir passé sur la plaine sans y déverser une goutte d'eau.

C'est pour cette raison que de grands efforts ont été projetés par l'administration pour doter cette région de travaux destinés à utiliser les eaux.

Les irrigations d'hiver de novembre à avril y sont surtout nécessaires ; elles compensent le manque d'eau du ciel au moment où les semailles et la levée des grains la demanderaient le plus.

Les irrigations d'été sont limitées à de petits espaces et sont considérées comme ayant une valeur moindre. Les prix payés par les *usagers* des syndicats le prouvent assez : à Saint-Denis-du-Sig, le décalitre d'eau d'hiver est vendu 20 francs et celui d'été de 8 à 10 francs.

Une situation si particulière doit nécessairement mettre le Cheliff en présence de difficultés d'ordre spécial.

C'est ainsi que la récolte de 1880 ayant manqué, nous avons vu les années 1881 et 1882 passables ; la période 1882-1890 a été bonne ; elle marque une heureuse série de huit années donnant du rendement en céréales et en pâturages. Un des résultats est le chiffre élevé du cheptel animal en 1890. De 1891 à 1896 les récoltes sont, successivement et sans interruption, mauvaises ou nulles ; c'est une série noire, les alternatives de vaches grasses et maigres coïncident naturellement avec les alternatives de pluies relativement abondantes ou insuffisantes.

L'année 1900 a été excellente pour le Cheliff.

Indigènes. — Les indigènes de la vallée du Cheliff cultivent à peu près uniquement le blé et l'orge. Lorsque les pluies d'automne sont arrivées, ils grattent le sol avec leur mauvais araire auquel ils attellent cheval, âne, bœuf, ou parfois l'un et l'autre. L'ensemencement est vite terminé et alors l'indigène attend. Or, la semence germe et lève irrégulièrement, à moins que les circonstances atmosphériques la favorisent. La récolte pousse avec les mauvaises herbes ; si le printemps n'est pas favorable, la terre est vite *asséchée* et avec elle la céréale qui a déjà de la peine à donner le poids de la semence. Si la récolte est bonne, elle est vite enlevée et de bonne heure ; la moisson se fait par arrachage de tiges. L'indigène exploite généralement par khammès ou fermier au cinquième.

On comprend que ce mode de culture, sans fumiers, sans choix de semences, sans même les travaux qui permettraient d'atténuer les rigueurs du climat, ne donne généralement que des résultats aléatoires, souvent même négatifs.

Européens. — La culture des céréales par les Européens dans la plaine du Cheliff, si elle est incontestablement soumise aux aléas de la climatologie, est, cependant, entourée de certaines précautions destinées à atténuer ces aléas et leurs effets désastreux.

Autour des travaux de captage des eaux, les céréales sont irriguées ; à l'automne, en septembre, les terres reçoivent une irrigation qui détrempe le terrain et permet de le labourer une première fois et de le préparer ainsi à bénéficier plus profondément des premières pluies sérieuses. Le semis est fait souvent après ce premier labour et les irrigations successives sont réparties suivant l'abondance des pluies d'hiver. A l'irrigation on obtient de 15 à 17 quintaux à l'hectare. Ailleurs, là où l'eau des barrages n'a pas encore pu arriver, on se livre de plus en plus à la pratique des labours préparatoires, des sarclages du printemps, du hersage et mieux encore du roulage ; ces précautions donnent d'excellents résultats et permettent aux colons d'obtenir des récoltes un peu plus importantes.

La terre a une valeur moindre que dans la Mitidja et cette valeur varie d'une année à l'autre suivant le résultat des récoltes.

Les chiffres que nous avons donnés pour la Mitidja peuvent sensiblement s'appliquer au Chéliff, avec cette différence que l'assurance des récoltes y est moindre et que le rendement y est inférieur. On a vu, en 1892, des rendements donner la moitié de la semence, et pendant des périodes assez longues ne pas dépasser de 4 à 5 quintaux l'hectare. Par contre, les années heureuses on a noté des rendements de 18 à 20 quintaux.

Malgré ces à-coups, cette région très étendue fournit beaucoup de céréales et on peut dire que l'état des récoltes dans le Cheliff est le régulateur des cours sur les places d'Alger et d'Oran. Il est à noter aussi que, dans le Cheliff, les céréales ne souffrent jamais de la rouille.

Quelques agriculteurs français du Cheliff s'appliquent, depuis quelques années, à rechercher les moyens d'améliorer la situation de la culture des céréales.

Nous citerons M. Vagnon, propriétaire aux environs de Kherba, qui a obtenu des résultats très satisfaisants :

1° En généralisant les labours préparatoires de printemps, en leur donnant une profondeur de 0 m. 25 à 0 m. 28. Ces labours sont recoupés une fois ou deux pendant l'été avec un *fort scarificateur* et la semaille a lieu à l'automne sur un labour léger obtenu à l'aide d'une déchaumeuse à quatre socs ;

2° En recherchant les variétés tallant beaucoup et évitant la sécheresse ;

3º En employant judicieusement des engrais chimiques qui ont montré l'inutilité d'un apport de potasse et l'incontestable utilité d'engrais où le superphosphate s'allie aux nitrates.

M. Vagnon a donné les chiffres suivants comme résumé de ses essais :

	Produit brut	Frais	Produit net
Culture ordinaire....	161 fr.	100 fr.	61 fr.
Avec fumure chimique	416 35	213 50	202 85

Cet agriculteur croit qu'en restreignant la surface cultivée au lieu de l'étendre, les colons du Cheliff amélioreraient sensiblement le rendement de leurs récoltes trop souvent nulles ou à peu près.

Son exemple prouve, en tout cas, que le dernier mot n'a pas encore été dit sur cette question et il confirme l'avis des agronomes et des praticiens qui pensent que la culture des céréales peut donner des résultats sérieux en Algérie, même dans les régions d'apparence déshéritées

§ III. — Culture des blés à Sidi-Bel-Abbès

Tout le monde est d'accord pour reconnaître que la province d'Oran est de beaucoup celle où les colons cultivent le mieux le blé, et Sidi-Bel-Abbès peut être donné comme le type de la région modèle produisant les plus beaux blés et dans les meilleures conditions. La culture du blé y a fait de grosses fortunes. L'assolement pratiqué est une alternative de jachère cultivée et de céréale.

Les colons ont calculé que pour leur pays où il tombe peu d'eau (400 $^m/_m$ en moyenne par an), où la

terre est relativement à bon marché (de 3 à 400 francs
l'hectare), ils avaient intérêt à n'avoir qu'une récolte
tous les deux ans, mais à l'assurer abondante et sûre.
Ils ont calculé aussi qu'un seul labour d'hiver est
insuffisant à préparer le sol à une absorption absolue
du peu d'eau tombée et que trois labours d'hiver valent
90 francs, quand les mêmes labours faits au beau
temps et sans presse valent 15 francs.

Ces considérations économiques et agricoles les on
conduits à cette méthode de la culture bi-annuelle du
blé.

Dans les mois de décembre et de janvier des charrues Brabant, simples ou doubles, attelées de quatre
chevaux ou mulets la plupart du temps arabes, donnent
un premier labour sur les terres qui devront porter du
blé l'année suivante.

Ce premier labour a une profondeur de 20 à 22 centimètres et il est exécuté sur les terres qui ont produit
une céréale moissonnée dans le courant de juin ou de
juillet de l'année précédente.

La charrue à quatre bêtes continue à travailler
jusqu'en mars, époque à laquelle elle a donné un
labour sur une étendue de 40 hectares environ. Ce
labour s'appelle dans le pays un labour à quatre bêtes.
Il a pour but de retourner la terre profondément, de
l'exposer aux intempéries, d'aider à l'infiltration des
pluies dans le sous-sol. Elles l'ameublissent aussi en
le traversant.

Au mois de mars, selon l'outillage que possèdent
les colons, les équipages sont attelés à des trisocs ou
bien ils sont dédoublés et attelés à de petites charrues,
assez semblables aux charrues vigneronnes dont les

mancherons sont tenus par un homme qui conduit en même temps ses deux bêtes au moyen d'un guide. On conçoit tout l'avantage du labour avec le trisoc. Avec le même nombre de bêtes, cet instrument produit plus de travail et économise un homme sur deux.

Mais que le travail soit fait au trisoc ou à la petite charrue, ce nouveau labour n'a jamais une profondeur de plus de douze à quinze centimètres.

Il a pour but de détruire les herbes qui ont poussé sur le labour d'hiver ou à quatre bêtes et de les empêcher de grainer. Il a, en outre, pour effet d'ameublir la surface du sol, de telle façon que celle-ci paraît sablonneuse et qu'il ne s'y produise plus de crevasses. Dès lors, l'humidité se maintient dans le sol et la nitrification s'y produit activement. Enfin, ce dernier est dans un état de division tel qu'il sera toujours possible, pendant l'été ou à l'automne, avant l'arrivée des pluies, d'y faire pénétrer la charrue.

Quelques propriétaires soigneux et qui ont suffisamment de charrues, donnent souvent un troisième labour pendant l'été, quand les bêtes n'ont rien à faire, soit avant, soit après la moisson.

Ce labour a pour but d'activer la nitrification et d'ameublir plus vigoureusement encore la surface du sol, sans toutefois toucher aux dix derniers centimètres qui n'ont été remués que par le premier labour. Le troisième labour détruit aussi les quelques plantes qui auraient pu repousser à la suite du premier labour à deux bêtes, et assure aux colons une terre absolument propre sur laquelle il ne poussera aucune autre plante que la céréale qu'il sèmera.

Cette dernière façon est surtout donnée dans les

pays plus secs que Sidi-bel-Abbès où les habitants de cette localité sont obligés d'aller acheter des terres avec leurs bénéfices, car ils n'en trouvent plus autour de chez eux.

Au sud d'Aïn-el-Hadjar, qui est au-delà de Saïda, sur la route de Géryville, cette culture est appliquée sur des milliers d'hectares par des colons de Sidi bel-Abbès qui y achètent toutes les terres à mesure que les indigènes les vendent. Ils en font autant à Aïn-Temou-chent, à Lamoricière, à Teffaman, à l'Ouïzert.

Quand la saison des pluies est arrivée, c'est-à-dire vers le mois d'octobre, on sème, dès que la terre est suffisamment mouillée, le blé, l'orge ou l'avoine, à raison de 90 à 100 kilogs à l'hectare. On n'a pas tou-jours semé autant à Sidi-bel-Abbès. A l'origine, quand les terres étaient neuves, on ne semait que 50 kilogs de blé ou d'orge à l'hectare. Aujourd'hui que l'épuise-ment des terres diminue le tallage, cette quantité ne suffirait plus. Si dans la première quinzaine de novem-bre les pluies ne sont pas arrivées, les colons sèment quand même en terres sèches de l'orge ou de l'avoine.

En tous cas, toutes les semences sont recouvertes au trisoc ou bien avec une petite charrue à deux bêtes, à une profondeur de 10 à 12 centimètres. On compte qu'il faut à peu près deux charrues pour recouvrir un hectare de semences dans un jour.

Après le labour on fait ce qu'on app'e le plan-change. Cette opération n'est pratique que dans les terres légères et pas trop mouillées. Elle consiste dans le passage sur les terres qui ont reçu le labour destiné à enterrer la semence d'une planche de trois mètres de long environ sur laquelle est monté le conducteur et traînée en travers sur le champ par deux chevaux.

Le planchage a pour principal effet de tasser légèrement le terrain pour mettre le grain en contact avec la terre, d'empêcher l'air d'y pénétrer facilement et d'égaliser la surface du sol ; le résultat est une germination plus hâtive.

A Sidi-bel-Abbès, les colons sèment d'abord l'orge, puis l'avoine et enfin la tuzelle qui est leur blé habituel.

Par ce moyen, il est presque toujours possible de ne semer le blé, qui est le grain le plus sujet à s'échauder, que quand la terre est suffisamment mouillée.

De plus, cela permet aussi d'échelonner leurs moissons et leurs battages, ces derniers étant souvent achevés déjà pour l'orge, tandis que la moisson du blé n'est pas terminée.

Ainsi on a pu voir souvent les grands fermiers payer les moissonneurs de blé avec l'argent qu'ils avaient reçu pour leurs orges et leurs avoines, qui étaient déjà battues, livrées et payées.

A l'origine, les terres de Sidi-bel-Abbès donnaient en moyenne 20 quintaux de blé à l'hectare. Elles sont tombées à 8 et même à 7 quintaux. Aujourd'hui les rendements sont remontés, grâce au système de culture que nous exposons, à 10 ou 11 quintaux.

Mais ce que cette culture de Bel-Abbès a surtout de remarquable, ce n'est pas l'excédent de rendement de 3 quintaux environ par hectare, mais c'est d'avoir diminué le nombre des années de mauvaises récoltes et d'avoir rendu celles-ci beaucoup plus certaines.

Voici un type de compte de culture des céréales à Bel-Abbès :

Dépenses

2 ou 3 labours...............	40 fr.
Semence....................	20
Semeur	2
Labour pour enterrer...........	10
Planchage...................	2
Moisson et transport au gerbier.	20
Battage	15
Loyer de 2 hectares...........	50
Frais généraux...............	11
Total...... ..	170 fr.

Recettes

11 quintaux de blé à 18 fr....	198 fr.
Frais à déduire.............	170
Reste net.....	28 fr.

Il faut ajouter à ce bénéfice la valeur du paccage.

Sans labours préparatoires, la même culture coûterait 130 francs, mais les 5 ou 6 quintaux de blé obtenus ne paieraient pas les frais.

La région de Bel-Abbès est, à cause de ce mode de culture, une des mieux outillées pour les travaux mécaniques de moisson et de battage.

Les variétés cultivées sont surtout la tuzelle de Provence sans barbe, dont le grain obtient toujours une prime sur le marché, *et le blé barbu de Bel-Abbès.*

Dans le département d'Oran, les blés durs sont cultivés avec succès et donnent des produits renommés à Arhal, Sidi-Dalo, Souf-el-Tel.

Dans la région d'Aïn-Temouchent, les frais de culture de blé, avec labour préparatoire de printemps et labour de semailles, sont estimés à 180 francs. On estime que les blés tendres y reviennent à 19,88 et les blés durs à 13,80. Une culture de 10 hectares demande 1.800 francs d'avances et peut donner de 6 à 700 francs de bénéfice net.

§ IV. — Culture des blés dans la région de Sétif

La région de Sétif est formée de vastes plaines d'une altitude comprise entre 800 et 1.000 mètres, au climat rude, connaissant les neiges et les grands froids, et recevant une moyenne annuelle de 450 m/m de pluies, plus ou moins bien réparties.

On peut considérer cette région comme le type de contrées assez nombreuses en Algérie, formant la partie montagneuse du Tell, contrées très peuplées d'indigènes, où la colonisation européenne conquiert peu à peu de vastes espaces et où la culture des céréales est en terre classique.

Ce que nous en dirons pourra donc s'appliquer, comme une généralité, à beaucoup de nos pays qui s'adonnent, pour les raisons d'ordre économique citées précédemment, à la culture des blés et des orges.

La culture des blés chez les indigènes comme chez les Européens a une tendance marquée à se spécialiser aux blés durs. Les blés tendres subissent un abâtardissement fâcheux qui amaigrit et mitadine le grain. Même en renouvelant souvent les semences, les colons n'obtiennent pas une qualité satisfaisante en terre sèche et les rendements sont toujours inférieurs à ceux des blés durs.

Par contre, dans la région de Sétif, comme dans la province de Constantine et la région de l'Aurès, les blés durs sont de qualité supérieure et sont parfois des semouliers d'une grande valeur commerciale.

Les variétés de blés durs adoptés dans ces contrées sont des variétés locales : le Belyoumi, le Hebla, le Rachala, le Mohamed-ben-Bachir, le Tounsi, l'Adjini, le Mahmoudi, le Richi. Les tendres sont des tuzellas.

Le Belgoumi pèse 76 à 78 kilogs à l'hectare ; le Tounsi, plus petit, mais plus rond, atteint jusqu'à 85 kilogs.

Les indigènes cultivaient autrefois les céréales avec tous les errements de leur vieille routine séculaire, demandant indéfiniment à la même terre et tous les ans des blés provenant des grains récoltés sur place et subissant très cruellement pour ces motifs les résultats des sécheresses et des gelées assez fréquentes et très intenses sur ces hautes terres. Leurs rendements étaient presque nuls. Ainsi, en 1880, à Sétif, la récolte fut nulle ; l'année suivante, très sèche, ne donna que 2 quintaux à l'hectare ; en 1882, une gelée survenue dans les premiers jours de juin détruisit la récolte et ne laissa que 1 quintal par hectare ; en 1883, il y eut une demi-récolte, 4 quintaux en moyenne ; en 1884, l'année fut bonne et on constata des rendements de 10 quintaux.

Les indigènes, plus que les Européens, subirent les désastres de cette mauvaise période, car en année heureuse la récolte est toujours d'un tiers inférieure à celle des colons.

Depuis quelques années, sous l'influence de l'exemple donné par de grands exploitants européens, parmi

lesquels nous citerons la Compagnie Génevoise dont
les exploitations sont dirigées par un praticien émi-
nent, M. G. Ryf, les indigènes tendent à modifier
leurs procédés de culture. Quelques-uns, riches tenan-
ciers du sol, ont des fermes parfaitement exploitées
où les charrues françaises ont remplacé l'antique
araire et où le mode de culture s'est amélioré au point
de se traduire par une amélioration réelle et soutenue
des rendements.

Le premier résultat général dû à quelques colons
expérimentés est l'adoption dans tout le pays des
labours de printemps et de la substitution de la jachère
cultivée à la jachère morte. Ces précautions permettent
de remédier aux inconvénients résultant des chutes
de neige qui interrompent souvent les travaux et
obligent, comme en 1893, à ne terminer les semailles
que vers le 15 février ; elles sont nécessaires pour
atténuer la sécheresse intense du printemps et la
mauvaise répartition des pluies. Les cultivateurs de
Sétif obtiennent plus de récolte par cet assolement,
même quand ils sèment en ligne sur un espacement de
1 mètre, que par l'ancienne méthode indigène.

M. Ryf préconise particulièrement le mode de culture suivant :

Semer au semoir deux lignes de céréales espacées
de 20 centimètres, séparées par des vides de 70 à 80
centimètres. Cet espace de 70 à 80 centimètres est
entretenu propre et meuble par un ou deux binages
exécutés en mars, avril et mai. Cette grande surface
de terre inculte et propre assure aux doubles lignes
d'à côté l'humidité nécessaire qu'un espace plus res-

treint n'aurait pu leur procurer. Après la moisson,
ces doubles lignes sont labourées et l'espace de 70 à
80 centimètres qui était resté en jachère *binée* est
ensemencé à son tour par une double ligne. C'est l'assolement biennal comme avec le labour de printemps
ordinaire. Une moitié du terrain produit, l'autre reste
en jachère. Mais au lieu d'avoir la jachère d'un côté,
et l'autre moitié en culture d'un autre côté, la jachère
se trouve entre les doubles lignes de céréales et
continue à assurer l'humidité nécessaire à ces derniers.

Les semailles, dans ces hautes terres, ont lieu généralement de novembre à décembre ; les grains sont
triés et sulfatés. La terre reçoit rarement de l'engrais.
La maturité est acquise du 25 juin au 5 juillet, sauf
pour l'orge qui mûrit du 10 au 15 juin.

Quelques rares cultivateurs peuvent irriguer.

Les rendements en grains et en paille sont très
variables. Pour une même année, suivant les semences,
on a obtenu de 13 à 19 quintaux de grain et de 19 à
43 quintaux de paille. Mais les rendements sont avant
tout, question de variétés à part, sous la dépen lance
des pluies, de l'heure hâtive à laquelle elles arrivent et
de leur répartition d'octobre en avril.

Les colons prennent aussi l'habitude de déchaumer
après la moisson et ce travail leur donne d'excellents
résultats. La main-d'œuvre arabe et kabyle est assez
abondante dans ces pays, surtout pour les moissons,
et quand la récolte n'est pas abondante chez les indigènes.

Les moissonneurs indigènes se réunissent le soir à
certaines places ; là on traite avec eux du prix de la
journée et on les emmène dans les fermes où ils cou-

chent sur le sol pour commencer le travail de bonne
heure le matin. La nourriture consiste, chez les fermiers arabes, en couscous fait de farine d'orge, en
galette, en lait et huile ; chez les colons du pain et de
l'huile arabe.

Le travail commence au jour ; il y a un repos d'une
heure vers les onze heures, et le travail finit à 4 heures.
L'ouvrier détermine la durée de sa journée par le
nombre de semelles que mesure son ombre ; il quitte
le travail dès que son ombre atteint la longueur de
neuf semelles. La coupe se fait avec des faucilles tail-
lées en scie, l'épi est coupé avec 25 centimètres de
paille et formé des poignées de 12 centimètres de
diamètre, liées par leur propre paille. Le moissonneur
jette derrière lui les poignées liées qui, ramassées par
vingt, forment une brassée. Vingt brassées d'orge et
quinze de blé forment un filet, charge d'un mulet pesant
de 150 à 180 kilogs et transportée au moyen d'un filet
de cordes d'alfa. Un moissonneur peut couper de un à
un filet et demi suivant la densité de la récolte. Au
battage, le filet donne de 40 à 100 litres de blé et de
60 à 180 d'orge. Le battage se fait à pied d'animaux.

Mais depuis quelques années, les machines à moissonner et à battre se répandent beaucoup dans les
fermes des Hauts-Plateaux et simplifient la main-
d'œuvre tout en donnant des rendements meilleurs en
paille et en grains. Cela est d'autant plus heureux que,
dans ces régions où l'eau est rare et la sécheresse
continue d'année en année, les céréales seules peuvent
être cultivées utilement.

Voici, d'ailleurs, pour montrer l'importance des
progrès inaugurés et qu'il faudrait généraliser, le

tableau des rendements comparatifs de culture du blé basée sur des pratiques différentes :

Charrue Vernette, sans labour de printemps.	14 hl	31
— Fondeur —	12	08
— — deuxième année,.........	9	40
— arabe, deux labours, ...	8	43
— — deux labours, 2e et 3e années terrain défriché un an ou 2 ans avant,.....	7	29
Charrue arabe, deux labours, 2e année......	5	75
— — 2e année.	3	60
— — 1re année,...............	3	04

Les cultures sur labour de printemps donnent à la Compagnie Génevoise une moyenne de 13 hectol. 20 ; les cultures sur labours arabes croisés, 7 hectol. 16 ; les cultures sur labours arabes simples, 3 hectol. 32.

Ces chiffres montrent assez que la culture des blés peut donner des résultats suffisants, malgré les intempéries climatologiques.

Mode de vente des blés en Algérie

Les blés sont l'objet d'échanges commerciaux très considérables en Algérie en raison de l'importance, que nous avons signalée, de leur culture et du rôle qu'ils jouent dans l'alimentation.

Les indigènes, en général, récoltent des blés et des orges pour leur consommation et les emmagasinent dans des silos ou dans de grandes jarres. Ils ne vendent à la récolte que les quantités de surplus ou celles qu'ils ont besoin de transformer en argent pour acheter des vêtements, un cheval, une arme ou une femme. Ils gardent les grains nécessaires aux semailles de l'année suivante, semailles qui seront projetées d'autant plus importantes que la récolte aura été meilleure. Ce n'est donc qu'au fur et à mesure de leur besoin et tout le long de l'année qu'ils apportent leurs grains sur les marchés.

Ils se servent assez communément de notre double décalitre qu'ils appellent *guelba*.

Une coutume kabyle qui s'est beaucoup généralisée sur beaucoup de marchés de l'intérieur, permet à l'acheteur de terminer la mesure remplie par une pyramide de grains aussi haute que sa patience et son habileté le lui permettent. On voit souvent un Arabe s'ingéniant de longues minutes à dresser ce monticule au-dessus des bords du double décalitre et à construire ce qu'ils appellent la chechia de la guelba, la calotte de la mesure. Certains arrivent à obtenir, grâce à cette tolérance, 22 et même 23 litres de blé ou d'orge pour 20 qu'ils paient.

L'unité de poids est, chez les indigènes, la charge

de 150 litres ; chez les Européens le système métrique français est seul en usage.

Les transactions sont régies par des usages commerciaux, dont voici un type adopté sur la place d'Alger :

Les céréales se vendent au quintal métrique, net de toile, néanmoins l'usage de la place est d'accorder 050 grammes de tare par sac d'un poids même inférieur et la tare réelle pour les sacs dépassant ce poids. Les livraisons s'effectuent 1º en magasin, chez le vendeur ; 2º à quai en débarquement ; 3º en transbordement ; 4º par charrettes ; 5º en wagon. Les délais de chargements de navires sont de 2 à 18 jours pour les vapeurs de 100 à 1.500 tonneaux et au-dessus, de 4 à 45 jours pour les voiliers. Ces délais varient suivant que le navire est à quai ou perpendiculairement à quai. Pour établir le poids, l'acheteur désigne cinq sacs par cent sacs non déchirés, ni déliés, qui sont pesés un à un par le peseur public. S'il y a un poids moyen garanti, les préposés du poids public mesurent au moyen de chevalets semblables à ceux du commerce de Marseille et pèsent. L'acheteur profite du dépassement du poids. Si le poids est inférieur à la moyenne convenue d'un kilo ou de moins de 1 kilo, il donne lieu à une réfraction de 1/4 pour cent par chaque unité de 250 grammes sur le poids garanti et de 2 kilos pour les suivantes tant que l'acheteur a convenance à recevoir. Un déchet de 2 1/2 0/0 au criblage est toléré ; au delà de cette tolérance c'est le vendeur qui doit opérer le criblage et rendre la marchandise loyale et marchande.

Pour l'exportation c'est Marseille qui achète le plus de blés à l'Algérie ; les orges vont en grande quantité à Dunkerque et aux ports du Nord.

Avoine

—

L'avoine n'occupe qu'une place très restreinte dans la culture des céréales en Algérie.

Les indigènes ne la cultivaient pas, avant notre arrivée dans le pays, parce qu'ils ne la consomment pas.

Depuis ils ont bien suivi l'exemple des colons euroropéens, mais avec très peu d'enthousiasme, puisque (voir tableau I) dans la période de 1872-1899 le maximum de surface consacrée par les indigènes à l'avoine a été 7.940 hectares en 1893, avec un minimum de 127 hectares en 1873.

Mais il faut bien reconnaître que les Européens eux-mêmes n'ont jamais donné une grande importance à l'avoine. Le tableau II montre que de 18.758 hectares, en 1872, la superficie cultivée en avoine par les Européens est passée à 63.429 hectares, suivant une progression croissante.

Au commencement de notre occupation, les colons hésitèrent à semer de l'avoine parce qu'ils n'en avaient l'écoulement au dehors et surtout parce que les Arabes racontaient que le grain ne pouvait pas être donné aux animaux sans produire un échauffement dangereux.

Cette opinion fut bientôt reconnue erronée, grâce à de nombreuses expériences qui prouvèrent que, un mois ou deux après la récolte, cet inconvénient n'est plus à craindre et la prévention tomba. Puis le commerce d'exportation s'intéressa à cette production parce que les avoines d'Algérie se moissonnent deux mois plus tôt qu'en France et arrivent donc sur les marchés au moment où les stocks s'épuisent et où la marchandise nouvelle jouit toujours d'une faveur marquée.

Sous l'effet de ces deux impulsions, la culture de l'avoine s'est propagée avec assez de rapidité ; mais peut-être pas autant qu'elle le mériterait, car l'avoine vient dans tous les terrains ; elle résiste, mieux que toute autre céréale, à la sécheresse, ne craint pas les sols arides et ne demande pas une préparation du sol très soignée, se contentant parfaitement d'un labour unique et acceptant la présence de quelques mauvaises herbes. Elle s'empare des engrais les moins décomposés, réussit sur les fumiers récents et, qualité précieuse pour les nouveaux colons qui commencent la mise en valeur de leurs terres, elle réussit sur les défrichements.

L'avoine a encore un autre avantage, c'est la valeur alimentaire de sa paille et de ses balles qui égale celle des fourrages ordinaires et augmente le rendement financiers d' ι céréale.

A ces divers titres nous lui devions bien quelques mots.

. *

Nous ne cultivons en Algérie que l'avoine commune d'hiver qui est la plus rustique, les autres variétés introduites sont délicates et s'abâtardissent. Nous lui consacrons de préférence les terres fortes et humides.

Nous la semons d'octobre à mi-janvier, car c'est la céréale qui s'accommode le mieux d'un retard dans les semailles et cette faculté peut s'ajouter encore aux avantages ci-dessus. Mais plus les semailles se font de bonne heure, plus le rendement est élevé.

Nous semons quatre hectolitres en moyenne à l'hectare, augmentant cette quantité si la terre est sale ; cela représente 180 kilogs de semence.

L'avoine mûrit un peu avant l'orge, c'est-à-dire vers le 15 mai ; il faut la moissonner de bonne heure parce qu'elle s'égrène facilement, et, que étant le premier grain mûr de l'année, elle est très attaquée par les fourmis et les moineaux.

Le rendement est de 13 à 15 quintaux de grain avec 20 à 25 quintaux de paille :

Voici un compte moyen de culture d'un hectare dans la Mitidja :

Dépenses

Labour, hersage, ensemencement..........	30 »
Semence : 180 kilogs à 15 fr..............	27 »
Moisson (moitié moins onéreuse que celle du blé)................................	12 50
Battage au rouleau et transport à Alger....	18 75
Loyer de la terre.........................	40 »
Total............	128 25

Produit

14 quintaux à 15 fr......................	210 »
20 quintaux de paille.....................	

Bénéfice net par hectare, 81 fr. 75.

A la moisson le quintal d'avoine vaut de 12 à 13 francs ; généralement le cours monte de 3 à 4 francs au printemps suivant.

Voici un schéma des cours des avoines en 1899 :

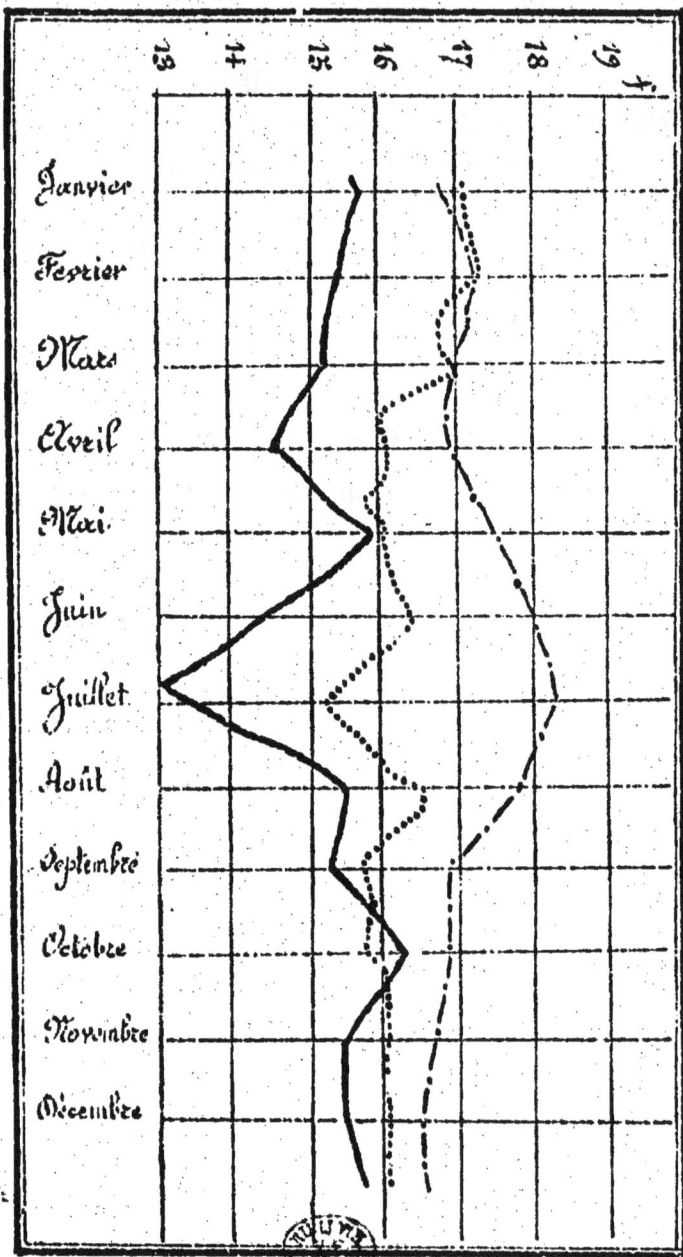

Schéma
du Cours des Avoines en 1899

Cours moyen du Marché d'Alger — Côté Officielle du Marché
Cours moyen du Marché de Marseille: ...... de Paris: .—..—..—

Le schema montre la sensibilité des marchés d'Alger. En avril il tombe un peu d'eau et le sort des céréales en terre semble sauvé, le cours tombe. De mauvaises nouvelles arrivent en mai, le cours se relèvent. A la moisson, la chute est complète, mais les prix remontent vite à partir de ce moment.

Il montre aussi que les cours de Paris sont d'une action moindre que les nouvelles locales.

Le marché des avoines commence vers le mois de mars ; à ce moment il se passe déjà des marchés à livrer.

Pendant la période 1885-1890, l'Algérie a exporté en France une moyenne de 314.605 quintaux d'avoine.

Voici un tableau qui donne la provenance des achats d'avoine de la France (Commerce général) pour trois de ses dernières années et en quintaux métriques :

	1895	1896	1897
Russie	1.301.612	607 107	382.809
Algérie	618.881	759.751	273.665
Turquie	196.383	216.705	280.416
Suède	110.055	73.658	3.195
Belgique	89.871	19.194	12.199
Tunisie	26.559	13.403	33.919
Total	2.224.312	2.158.058	3.224.312

On voit par ces chiffres l'importance déjà considérable des importations d'avoine de l'Algérie, le rôle
qu'elles jouent dans le commerce de la France et aussi
le rôle plus considérable qu'elles pourraient y jouer.

La moyenne des cultures pendant la période 1884-
1893 est de 45.611 hectares et la production de
469.762 quintaux ; ces surfaces et cette production
pourraient doubler en Algérie sans inconvénient, car
l'avoine n'y représente encore que le 5 0/0 de sa production totale de céréales, et la France, qui consomme
92 millions d'hectolitres, n'en produit en moyenne que
86 millions.

L'Orge

Si le lecteur veut bien se reporter aux tableaux I et II, il se rendra un compte immédiat de l'importance de la culture de l'orge en Algérie, principalement chez les indigènes.

Cette culture occupe dans les exploitations européennes une surface qui se rapproche beaucoup, numériquement, de la surface consacrée aux blés tendres; de 1888 à 1898, la moyenne des surfaces cultivée en orge est de 119.958 hectares et celle des blés durs de 127.300 hectares. Cette moyenne tend à augmenter ; les orges d'Algérie commencent à être mieux connues en Europe et par suite plus demandées, notamment par la brasserie. D'autre part, les cultivateurs européens ont constaté que, à année moyenne, le rendement de l'orge, donne un rendement supérieur à celui du blé, en poids, égal en argent, meilleur en paille, dans les terres de moindre valeur et avec moins de culture.

Mais c'est surtout chez les indigènes que l'orge occupe une place considérable, toujours supérieure à celle accordée aux blés durs, le plus souvent supérieure aussi à la place consacrée à la fois aux blés durs et aux blés tendres.

De 1888 à 1898, la moyenne des cultures indigènes d'orge est de 1.275.400 hectares, alors que celle des blés durs est de 944.600 hectares et celle des blés tendres de 62.400 hectares.

Cette prédominance de l'orge tient, indépendamment des raisons que nous venons de donner et qui s'appli-

quent aux indigènes comme aux européens, à ce que
cette céréale entre pour beaucoup dans l'alimentation
des populations musulmanes et du bétail algérien. Il
y a sur place un écoulement très considérable de l'orge :
en effet, la production moyenne de l'Algérie est de
8.000.000 de quintaux métriques et l'exportation
moyenne ne dépasse pas de 1.000.000 à 1.100.000 quintaux. La consommation locale absorbe donc le 7/8 de la
production.

Ces chiffres disent suffisamment l'importance économique de l'orge dans l'Agriculture algérienne.

Si nous considérons la situation de la France relativement à son marché intérieur d'orge et à la production de l'orge dans le monde, nous constatons une fois
de plus que l'Algérie y joue un rôle important et précieux, aussi bien que dans les blés et dans les avoines.

En France, les cultures d'orge qui donnent le 5,30 0/0
de la récolte du monde, ne représentent que 6,1 0/0
de sa production céréalifère totale. Elles ne produisent
pas toute l'orge nécessaire au commerce.

Pendant les trois années 1895-96-97, la France a
importé du dehors une moyenne de 1.850.190 quintaux
d'orge, provenant de Russie, d'Algérie de Turquie, de
Tunisie. La fourniture moyenne de l'Algérie représente 671.317 quintaux, autrement dit 33 0/0 des orges
achetées au dehors, malgré une production intérieure
de 9 millions de quintaux.

De tels chiffres, mettent en évidence, la part que
prend notre Colonie dans l'alimentation des marchés
Métropolitains ; l'Algérie dispute, d'une année à l'autre, à la Russie et à la Turquie, le premier rang parmi
les importations d'orge et cette situation tend à se

consolider à mesure que la malterie apprend à connaître la valeur industrielle de nos orges africaines.

Déjà en 1891, le rapporteur de la Commission des
Douanes répondant aux personnes qui craignaient de
voir les droits de douane créer des insuffisances pour les
années de mauvaises récoltes, pouvait affirmer que
l'Algérie, par son évolution normale, est en état de
suppléer aisément aux difficultés d'approvisionnement.
Le fait que cette culture convient aux indigènes et
qu'elle est adoptée sur une grande échelle par les
européens. nous permet de confirmer les apaisements
que donnait à la tribune la Commission des douanes.

Le rapporteur, citant l'opinion d'un brasseur de
Lille, écrivait même les lignes suivantes sur le parti
que la brasserie peut tirer des orges algériennes :

« Les grains d'Afrique ne s'échauffent pas vite, se
« conservent bien, se maltent facilement et leur emploi
« n'entrave en rien la clarification des bières même
« pendant l'été. On peut les employer seuls ; la bière
« produite a un bon arome de malt et se boit suffisam-
« ment corsée ; leur rendement est supérieur à celui
« des orges de Russie et peut rivaliser avec celui des
« grains de pays de qualité moyenne. Pourtant ils
« sont encore relativement peu répandus en brasserie
« et beaucoup de brasseurs n'osent les employer seuls,
« surtout pour les bières de garde et pendant l'été.

« Il y a trente ou trente cinq ans, on ne les con-
« naissait même pas dans la brasserie Lilloise ; aujour-
« d'hui, ils sont très appréciés et ceux qui en ont fait
« l'essai ont toujours continué à les employer. Les
« qualités de choix sont recherchées en Angleterre. En
« Allemagne, par contre, les qualités d'Afrique sont

« tout à fait délaissées, le laboratoire de Munich, l'un
« des plus sérieux de ceux exclusivement consacrés
« à la brasserie, publiait récemment les analyses qui
« y avait été faites, d'orges de la récolte 1889 ; ces
» analyses sont au nombre de 65 ; j'y relève un échan-
« tillon d'orge d'Alsace et 8 d'orge de France de
« diverses provenances, mais aucun brasseur n'a fait
« analyser l'orge d'Afrique. Le grain d'Afrique est un
« excellent grain, riche comme rendement et avanta-
« geux comme prix, relativement peu répandu encore,
« mais qui plaît partout où il a pénétré. La culture de
« l'escourgeon a donc un grand avenir en Algérie où
« déjà d'ailleurs elle a pris un grand développement
« dont l'importance croîtra certainement encore. »

Nous pouvons à ces indications d'un praticien ajouter les données suivantes sur la composition chimique
composée d'orges divers.

	SAUMUR	ALSACE	ALGÉRIE	ORGE NUE
Eau....................	11.46	13.00	13.50	13.0
Matières azotées.......	9.06	13.4	8 98	12.3
Graisse........	2.14	2.8	1.76	
Amidon............	60.40	63.7	49.92	68.4
Matières non azotées diverses......	10.35		18.54	
Cellulose............ ...	4.76	2.6	4.85	3.0
Cendres..............	1.83	1.5	2.45	2.0
Acide phosphorique....	1.01	»	»	»
Potasse.	0.69	»	»	»
Chaux	0.17	»	»	»

On remarquera dans ce tableau deux données inté-
ressantes, bonnes à caractériser aux yeux des brasseurs la valeur industrielle des orges d'Algérie. Pour
la brasserie les éléments les plus importants de la
composition chimique d'une orge sont les matières
amylacées de diverses natures capables de se transformer en alcool sous l'influence de la levure. Une
bonne orge en contient de 62 à 64 0/0 environ. On voit
que sous ce premier rapport les orges d'Algérie ont
une richesse plus que suffisante, sensiblement égale
aux plus belles qualités de la Beauce.

En second lieu, le chiffre des matières azotées con-
tenu dans le grain, présente, pour le brasseur, un cer-
tain intérêt, car, si ces matières doivent servir d'aliment à la levure, si leur proportion augmente, le moût
se laisse difficilement travailler en raison des fermen-
tations latérales qui se développent.

En Allemagne, on considère comme de bonne qualité une orge qui renferme de 9 à 9.5 0/0 de matières
azotées; comme de qualité moyenne celle qui contient de
10 à 11 0/0; comme orge inférieure celle dans laquelle
le taux de ces matières dépasse 11 0/0.

Le tableau ci-dessus montre que, sous ce rapport,
les orges d'Algérie ont également une composition
heureuse, les rapprochant des meilleures qualités
recherchées par l'industrie.

Nous en trouvons de ce fait une confirmation élo-
quente dans les achats toujours très importants que
passe en Algérie la région du Nord de la France. Le
port de Dunkerque, à lui seul, absorbe la plus grande
partie de nos exportations : 350.000 quintaux en 1898,
697.000 en 1898, 801.810 en 1895.

Nous ne cultivons en Algérie que l'orge d'hiver, spécialement l'escourgeon ou une de ses variétés immédiates.

Quelques colons européens ont essayé des orges de printemps, mais sans succès, parce que les chaleurs arrivent très vite, la plante n'a pas le temps d'accomplir son évolution normale et les grains avortent.

On a essayé aussi, en vue de la malterie, d'acclimater des orges particulièrement recommandées, l'orge chevalier, l'orge d'Odessa, celle de Moravie et de Hongrie. Dans la région de Mascara, ces variétés ont donné des résultats assez encourageants ; mais dans la plupart des cas l'échaudage a compromis les grains et les épis se sont égrenés facilement.

Il semble qu'en dehors de toute introduction d'espèces nouvelles, l'Algérie possède des orges d'une valeur industrielle parfaitement établie et qui produisent un rendement satisfaisant pour le producteur.

Les orges d'Algérie pèsent de 61 à 65 kilos, les plus faibles poids s'appliquant aux orges des indigènes.

Elles sont semées dans les sols peu tenaces, frais, mais sans eaux stagnantes. On a constaté que les années peu pluvieuses sont de bonnes années d'orge ; là où le blé souffre de la sécheresse, l'orge arrive à prospérer.

Les semailles ont lieu, chez les Européens comme chez les indigènes, aux premières pluies avant que le sol ne soit fortement détrempé ; on profite des beaux jours d'octobre ou à la rigueur de novembre. Quelquefois on la sème en terre sèche, sous labour assez profond, quand la terre a eu une jachère cultivée ou un bon labour de printemps ; on gagne ainsi du temps.

On sème 175 kilogrammes en moyenne, cette quantité augmentant avec le retard des semailles.

L'orge est mûre de très bonne heure en Algérie. Dans le Sud, on moissonne fin avril ; dans la zone marine et des plaines contiguës du littoral, fin mai ; en montagnes des Kabyles, vers la mi-juin.

La moisson et le battage sont effectués par les mêmes procédés que les blés.

Le rendement est très variable. Les colons estiment qu'en année moyenne, l'orge donne le double de ce que donne le blé ; c'est ce qui permet de compter sur de 12 à 15 quintaux de grain et de 20 à 30 quintaux d'une excellente paille que le bétail préfère à celle du blé.

Les statistiques officielles fixent le rendement pour la période 1884-1893 à 8 quintaux 68 chez les Européens, et 5 quintaux 94 chez les indigènes. En pays d'altitude montagneuse, l'orge donne souvent de faibles rendements parce qu'elle craint beaucoup les sautes brusques de température ainsi que les passages rapides de la sècheresse à l'humidité.

Les essais des champs d'expérience du Comice agricole de Sétif ont donné des rendements variant de 1 quintal 60 à 33 quintaux 48 en 1897, pour des orges du pays, les plus beaux rendements étant toujours fournis par des cultures sans engrais, mais sur labour de printemps, second labour d'automne et semence semée à la volée et enterrée au cultivateur. A Mascara, on a obtenu jusqu'à 20 et 22 quintaux en grande culture avec semences choisies et sur labour de printemps.

Une ferme en bonne situation pour la culture des orges établit ainsi qu'il suit son compte à l'hectare :

Loyer de la terre	40. »»
Labour	25. »»
Semences	22.75
Moisson et battage	25. »»

112.75

Cette culture produit 12 quintaux à 13 francs, soit 156 francs, plus la valeur de 20 quintaux de paille.

L'orge est très sujette au charbon.

Le prix de l'orge est très variable. Nous avons vu payer cette céréale de 5 à 6 francs le quintal, d'autres années son prix atteignait presque celui des blés.

Les cours de nos principaux marchés sont sous la dépendance des nouvelles des récoltes; c'est ce qui explique les fluctuations rapides et d'une grande amplitude qui se produisent quelques semaines avant les moissons.

Quand les moissons sont sauvées, quelques marchés se passent sur le livrable à la récolte et provoquent une période de faveur qui ramène alors les cours à une expression voisine, toutes proportions gardées, des cours des places de la Métropole, qui achètent les orges d'Algérie, Marseille et Dunkerque.

Nous avons dressé plus bas le schema des variations des cours des orges à Alger, Marseille et Paris, pour montrer la dépendance absolue de nos cours locaux influencés par les cours de la France et pour mettre en évidence les variations provoquées sur nos marchés par les influences purement locales.

Schéma

des

Variations du Cours des Orges

pendant l'Année 1899.

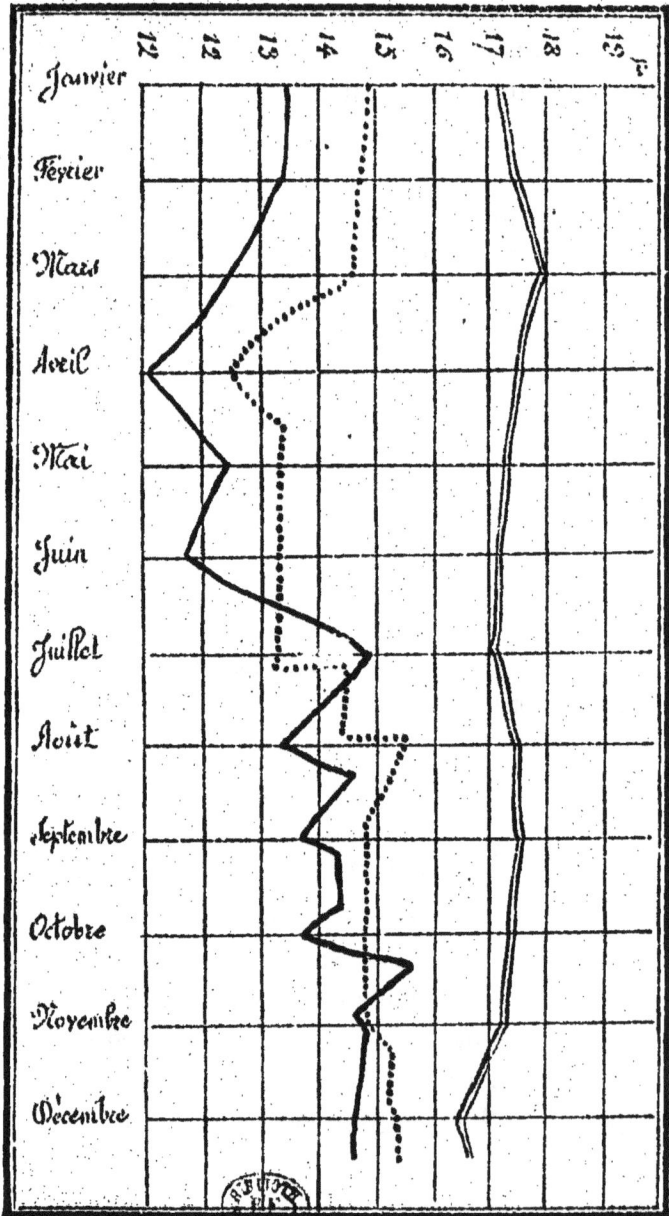

	12	12	13	14	15	16	17	18	19
Janvier									
Février									
Mars									
Avril									
Mai									
Juin									
Juillet									
Août									
Septembre									
Octobre									
Novembre									
Décembre									

Cours d'Alger ——— Cours de Marseille ....
Cours de Paris ═══

En général et en année ordinaire, les colons comptent sur un prix moyen de 13 . ancs le quintal métrique.

Nous avons montré que, avec une bonne récolte, ce prix représente une rémunération suffisante du travail agricole et du capital engagé. La culture de l'orge en Algérie est donc, sous tous les rapports, une culture importante, recommandable aux cultivateurs européens et indigènes, assurée d'un écoulement constant et capable de consolider sérieusement la situation de l'agriculture.

TABLE DES MATIÈRES

Alger-Mustapha. — Imp. Giralt, rue des Colons, 17.

Contraste insuffisant

NF Z 43-120-14

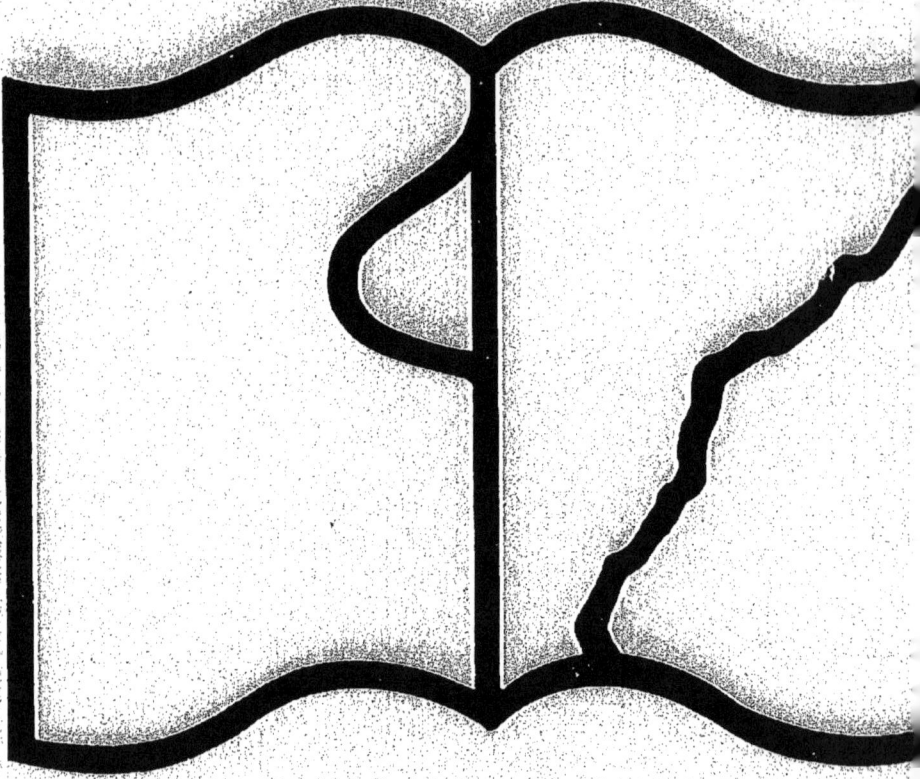

Texte détérioré — reliure défectueuse

NF Z 43-120-11

Reliure serrée

www.ingramcontent.com/pod-product-compliance
Lightning Source LLC
Chambersburg PA
CBHW071202200326
41519CB00018B/5325